言说与回应

网络剧受众话语建构

胡 月 ◎ 著

复旦大学出版社

前　言

《言说与回应：网络剧受众话语建构》一书将网络剧文本看作受众话语构建的场域和路径，是一个关于受众如何与网络剧互动的研究，记录了网络剧如何以虚构类剧集的形式表达受众在现实情境中的文化期许。

本书从网络剧文本特征入手，探讨了网络剧受众在观看方式、媒介使用、选择偏好等方面的异同，并结合当下社会情境，分析网络剧受众特性；探索媒介技术发展带来的大众文化生产者角色转变；讨论互联网时代的话语表达。本书期待通过对网络剧和受众的研究，加深了解受众借助网络空间进行的文化意义的表达及构建途径和机制，并以此为基础探讨媒介的发展趋向。

第一章为绪论，介绍网络剧的研究背景、研究内容、研究意义、研究过程和实施过程。迅速增长的网络剧受众，是最直接的研究触发因素。研究问题主要围绕网络剧受众的观看习惯、快感分析、意义生产、社会情境展开。研究聚焦受众的网络剧观看行为，并以受众为出发点，探讨社会环境以及与之相伴的社会需求。传播学受众研究的传统，在本章中作为研究的理论路径出现，并指导随后的每一个研究步骤。为了兼顾质性研究和量化研究，研究方法采用深度访谈和问卷调查两种主要方式。在分析对网络剧的已有定义后，提出本研究对于网络剧的界定，"网络剧是一种以互联网为首播媒介的剧集系列"。之后的讨论，都以此为起点展开。

第二章从巴赫金的狂欢理论出发，分析网络剧的文本特征，探讨网络剧作为狂欢式的世界表征，论述网络剧呈现的"狂欢式"范畴。第一，广泛的平等参与。网络剧不对大众进行他者化的再现，而是展示大众的日常生活；建构一种人与人之间不拘形迹的接触，打破等级之间的差别；实现开放式的文本生产与传播。第二,诙谐和插科打诨。在情节方面,网络剧采用碎片化、拼贴式的情节组合,通过增加新奇感和陌生感,使受众在循规蹈矩的寻常世界中获得全新体验。在人物设置方面,网络剧通过刻画庸常的角色,制造幽默诙谐的喜剧效果。在语言方面,网络剧运用戏仿和拼贴,使用诸多插科打诨、夸张讥讽的对白,增加狂欢节的气象。第三,俯就和颠覆。网络剧充满打破经典、传统和常规的俯就,让原本被遮蔽的小人物成为主角和英雄。第四,粗鄙的降格。粗俗俚语引人发笑,骗子、小丑和傻瓜等边缘化的角色成为中心,加之粗糙、毫无规则可言的制作和形式,都是网络剧狂欢本质的体现,同时也使网络剧成为人们摆脱压制力量、逃离繁琐乏味的常规生活。

第三章聚焦网络剧受众的观看方式和选择偏好。受众最常使用手机进行网络剧的移动观看,实现随时随地、不受限制的观影,使网络剧可以随身携带、适应各种场景,并帮助他们脱离现实中难以忍受的环境。受众在选择网络剧文本时,具有明显的整体倾向:喜剧是最受青睐的网络剧类型,偶像言情、悬疑惊悚、科幻魔幻是受众最常观看的三种类型。同时,受众在年龄、性别、学历等方面的差别,与受众的选择相关。在年龄方面,18~24岁的受众在三种类型的网络剧中,都是最大的观影群体;在性别方面,对网络剧类型选择的影响并不明显,网络剧中的核心角色对于受众性别结构的影响较大;在学历方面,受众人数最多的是高中/中专学历,且在整体上呈现低学历的态势。受众为了表示认同,选择付费观看。在现实情境和网络情境中的群体观影,体现共同在场的仪式互动,同时通过交流沟通、共同经验而达成意义共享。

第四章重点讨论网络剧受众在意义层面的快感,注重对快感和个体、文化、社会之间关系的解读。网络剧受众快感主要分为两个部分讨论,即生产者式的快感和冒犯式的快感。网络剧是多义性的文本,受众是生产者式的受众,有生产者式的快感,实现的快感结合了相关性、功能性、生产性三者。受众生产的意义与受众的生活有着密不可分的联系,并对受众产生切实的影响。在心理层面,帮助受众自我呈现、自我认可、消除孤独感;在现实层面,帮助受众扩大社会交往,模拟对生活的假设和想象,也是受众理解现实的参照。而且网络剧受众以富有创造性的、灵活的、敏捷的游击"战术",回避规训力量,获得话语抗争的快感。对经典的挪用和对权威的戏谑,以及时空、身份、等级的颠倒,使受众获得解除权威压力、重建制度和秩序、打破权势和等级差别的愉悦感。另外,还存在第三种快感,即尴尬的快感。在生产与冒犯、规训和躲避的碰撞中,受众知晓规则界限,也在回避规训,从而产生尴尬的快感。

第五章将受众话语和网络剧发展放入更为广阔的社会情境,讨论二者所处的社会、文化语境,以及媒介在其中的作用。分析受众在同网络剧文本和意义的互动中确立主体性的过程,并讨论"网络剧受众"所蕴含的内涵意义。随后讨论促使网络剧及其受众出现和发展的社会情境。急速变迁的社会,增加了个体的焦虑感和孤独感,同时引起了社会结构和阶层的变化以及价值标准的断裂。不同阶层和群体的需求日益分化。网络剧受众多处在社会的中、下阶层,网络剧是他们构建认同的重要途径。同时,后现代主义渗透到每个文化文本当中,网络剧就是其中的代表,它充满差异性的影像符号,为受众提供多种意义解码的可能。因此,讨论网络剧、受众与后现代主义的关联,是本章不可回避的话题。此外,媒介权力的转变,丰富了受众的角色和作用,塑造了流动的受众角色。互联网特别是便携式移动终端在促进媒介权力转向中起着重要的作用。受众还是传播者,抑或信息编码者,在传播中实现转化。

第六章为总结与思考。研究中的主要结论,在本章再次进行归纳、梳理,并试图从整体性的角度探索研究问题和结论的内在逻辑。受众同网络剧文本、社会、文化、媒介的关系和互动,经历了意义、权力和话语的复杂角力,才产生了网络剧作为互动过程的一种表征,受众自始至终都是话语表达的行动主体。

目　录

前言

第一章　绪论 … 1
 第一节　网络剧研究的背景 … 1
 第二节　受众研究的理论路径 … 2
  一、受众研究范式 … 2
  二、文化研究中的受众 … 4
  三、文本和受众的关系 … 7
  四、民族志的研究方法 … 8
 第三节　国内外网络剧研究 … 10
  一、国内网络剧研究的主要视角 … 10
  二、国外网络剧研究的重要观点 … 11
 第四节　网络剧研究的主要问题 … 13
  一、网络剧受众的观看习惯 … 13
  二、网络剧受众的快感分析 … 14
  三、网络剧文本的意义生产 … 15
  四、网络剧受众所处的社会情境 … 15
 第五节　网络剧研究的意义 … 16
  一、结构性情境与网络剧受众 … 16
  二、媒介技术与大众文化生产 … 16
  三、互联网与受众话语表达 … 17
 第六节　网络剧研究的设计 … 17
  一、网络剧研究的方法 … 18

二、网络剧研究的过程 …… 20
　第七节　网络剧的界定及发展简述 …… 23
　　一、网络剧概念的界定 …… 23
　　二、网络剧的发展简述 …… 24

第二章　网络剧：狂欢式的世界表征 …… 30
　第一节　广泛的平等参与 …… 30
　　一、回归"自我"：日常生活的构建 …… 31
　　二、人与人之间实现不拘形迹的自由接触 …… 33
　　三、开放式的文本生产与传播 …… 36
　第二节　诙谐和插科打诨 …… 39
　　一、情节：荒诞离奇和拼贴杂烩 …… 40
　　二、人物：生活化的小人物和大人物 …… 41
　　三、语言：插科打诨和夸张讥讽 …… 43
　第三节　俯就和颠覆 …… 45
　　一、为"伟大的陈规"脱冕 …… 46
　　二、为"自由的小民"加冕 …… 49
　第四节　粗鄙的降格 …… 52
　　一、粗鄙的语言：通俗与野性 …… 52
　　二、粗俗的角色：骗子、小丑和傻瓜 …… 56
　　三、粗糙的生产艺术：权且用之 …… 58

第三章　网络剧受众的观看行为分析 …… 63
　第一节　移动观看 …… 63
　　一、主宰：观看随时随地、不受限制 …… 63
　　二、陪伴：随身携带、适应各种场景的伴随者 …… 67
　　三、逃离：脱离出现实中难以忍受的环境 …… 71
　第二节　选择倾向 …… 74
　　一、受众普遍接受的网络剧文本 …… 74
　　二、受众对于网络剧文本的选择差异 …… 78
　　三、为认同付费的网络剧会员 …… 87
　第三节　作为仪式的集体观影 …… 92

一、共同在场的仪式互动 …………………………………… 92
　　二、弹幕与虚拟共同在场 …………………………………… 94
第四节　网络剧虚拟社区 ………………………………………… 97
　　一、虚拟社区 ………………………………………………… 97
　　二、网络剧虚拟社区的形成 ………………………………… 98
　　三、网络剧虚拟社区的关系构建 …………………………… 99

第四章　受众观看网络剧的快感分析 ……………………………… 107
第一节　网络剧的受众快感：多义性快感 ……………………… 107
　　一、个体、文化、社会中的快感 …………………………… 107
　　二、符号、意义、传播中的快感 …………………………… 110
第二节　网络剧的受众快感：生产者式快感 …………………… 112
　　一、受众快感的意义生产性 ………………………………… 112
　　二、受众快感与意义的相关性 ……………………………… 118
　　三、快感与意义的功能性 …………………………………… 120
第三节　网络剧的受众快感：冒犯式快感 ……………………… 125
　　一、话语抗争的快感 ………………………………………… 125
　　二、身体狂欢的快感 ………………………………………… 129
　　三、尴尬的快感 ……………………………………………… 134

第五章　受众话语表达与社会情境 ………………………………… 140
第一节　受众的主体性与言说 …………………………………… 140
　　一、受众主体性与社会交往 ………………………………… 140
　　二、网络剧受众的话语建构 ………………………………… 144
　　三、言说与回应：受众话语表达 …………………………… 146
第二节　社会：网络剧生产的社会情境 ………………………… 149
　　一、变迁：社会发展与焦虑断裂 …………………………… 150
　　二、分化：层级差异与群体认同 …………………………… 153
　　三、文化：从现代到后现代 ………………………………… 156
第三节　媒介：受众角色的流动边界 …………………………… 160
　　一、参与网络剧生产和传播的媒介 ………………………… 160
　　二、网络剧媒介中的受众 …………………………………… 162

三、媒介权力的偏向 ·· 164

第六章　总结与思考 ·· 171
　第一节　总结 ·· 171
　　一、情境：社会、媒介、文化的合力 ································ 171
　　二、表征：狂欢式的文本 ·· 172
　　三、主体：受众的差异与认同 ······································ 173
　　四、话语：积极的意义生产者 ······································ 174
　第二节　思考 ·· 174

主要参考文献 ·· 177

附录 ·· 189
　附录一　网络剧受众调查问卷 ·· 189
　附录二　访谈提纲 ·· 193
　附录三　访谈对象基本情况 ·· 195

后记 ·· 199

第一章
绪　论

第一节　网络剧研究的背景

　　互联网作为改变世界的重要媒介,引发人类传播的变革,带来社会、文化的一系列变化。许多新兴的文化现象和文化形式,由于信息生产、传播方式日新月异的改变,在互联网的数字世界里蓬勃发展,成为大众生活的重要内容。网络剧就是其中的代表性文本。

　　网络剧以互联网为发行渠道,强调同受众的互动以及受众的直接参与,文本以戏谑、调侃为特征,同传统电视剧有着明显差异。网络剧拥有数量庞大的观看人群,关于剧集的讨论在生活中和网络上都非常活跃。许多热门网络剧的点击量都以"亿"为单位进行计算。例如,2015年的网络剧《盗墓笔记》,其先导集在上线22小时后,点击量就过亿,并因此创下网络剧首播的最高纪录,成为"现象级"的影视文本。与此同时,随着大量的投资加入,优秀的原创作品、顶尖的制作团队、一线导演和演员,也纷纷参与网络剧文本的生产和传播。2016年,网络剧中单集平均超过百万的制作投入已成为普遍现象。网络剧中最吸引受众的因素,除了幽默轻松的内容,更加重要的是受众可以直接参与网络剧的生产过程,对网络剧的形式内容拥有话语权力,可以产生实质性的影响。

　　传播学将网络剧的兴起,看作网络技术实现的底层社会话语表达。去中心化的、多元化的数字传播方式,使大众文化生产和传播有了至关重要的平台和渠道。以影视文本的生产为例,传统影视符号和意义生产,都由媒介精英完成,职业制片人、导演、演员按照社会主流意识形态进行符号组织,形成并延续作者霸权、精英话语的状态。网络剧的出现和快速发展打破了原本传统的文化生产格局,表达和满足了社会多元的文化需求。网络剧究竟满足了受众的哪些需求?受众又如何解读网络剧传达的文化意义?这些问题都值得探索。

第二节 受众研究的理论路径

一、受众研究范式

在《受众研究的五种传统》中,克罗斯·布得恩·詹森和卡尔·埃里克·罗森格瑞两位传播学研究者认为,可以将受众研究归纳为具有明显区别的五种路径,即"效果研究(effects)、使用与满足研究(uses and gratifications)、文学批评(literacy criticism)、文化研究(cultural studies)和接受分析(reception analysis)"[1]。

效果研究以数据统计为基础,是受众研究中最早也是最为常见的研究路径。它在理论上将信息看作可辨识和可测量的符号,预设了社会心理和社会情景对于受众在信息接触、选择和反应等方面的影响力。在该研究路径中,沿着魔弹论、有限效果论、适度效果论、强大效果论、谈判效果论的变化轨迹,受众角色经历了从消极到积极的循环。受众从最初对大众媒介毫无抵抗的接受者,到给与媒体信息有限、适度的反应,再到同信息传送者结成的谈判关系。

使用与满足研究同样属于经验研究的范畴,它强调受众的个体特征对于媒体使用的影响。受众作为各不相同的单独个体,其所处的社会情境和信息需求都存在重大差异。根据自身的需求,进行媒体接触和信息解读是受众的特征。这也正是"媒体中心论"到"受众中心论"转变的开始。

文学批评注重探讨文学话语同受众之间的互动。它关注在审美层面受众的个人阅读行为和社会文学意义。受众的文学品味,在文本选择和阅读感受中扮演着举足轻重的角色。其中,受众也被看作是积极的、个性化的。

文化研究以伯明翰学派为代表,研究聚焦于受众、文化、社会和权力之间的关系。受众不仅在媒体接触方面具有主动性,在对于信息符号的意义解读方面也更加积极。对于意义的解读,是受众话语权力的争取和表达。

接受分析吸收了人文和社会两个学科的理论,同文化研究有着密切的关联。受众是能动的个体,在信息消费、信息解码和所属社会群体等方面的差异,使作为个体的受众与媒体、信息之间的关系也各有不同。

尽管这几种研究路径存在差异,对于受众的看法也不尽相同,但是所有研究取向的发展趋势确实大同小异。受众在信息消费中的积极作用和能动性被不断发挥和强化。

在詹森同罗森格瑞提出的五种受众研究分类基础上,著名英国传播学家麦奎尔根据研究方法、作用和目的的差异,将已有的受众研究分为三类,分别为"结构性受众研究(structural)、行为性受众研究(behavioral)和社会文化性受众研究(sociocultural)"[2]。这三种研究路径的整体比较,由麦奎尔归结为表1.1。

表1.1 三种受众研究传统的比较[3]

	结构性受众研究	行为性受众研究	社会文化性受众研究
主要目的	描述受众构成,统计数据,描述社会关系	解释并预测受众的选择、反应和效果	理解所接收内容的意义及其在语境中的应用
主要数据	社会人口统计数据,媒介及时间使用数据	动机、选择行为和反应	理解意义,关于社会和文化语境
主要方法	调查和统计分析	调查、实验、心理测验	民族志、定性方法

第一种结构性受众研究,在媒介工业主义的影响下产生,带有明显功利主义的倾向。这种研究传统目的在于通过发现大众媒介与受众的媒介使用之间存在的实证性联系,从媒介的视角出发,促使媒介更好地了解和掌握受众规律,从而更好地发挥媒介的作用、达到预期的效果。采用的主要方法是对受众规模、类别、特征和媒介信息的到达率,进行相关数据分析和统计。

这种研究传统以媒介的强效果理论为基础,以早期美国传播学的奠基性人物为代表。20世纪30年代末美国经验学派进行的一系列实证研究,使大众媒介的效果被极大地肯定。媒介主导着人们"看"世界的方式,而其中的受众是广泛分布、彼此隔离的大众,是像一盘散沙的个体,他们被动消极,等待媒介强有力的信息轰炸。

在法兰克福学派看来,大众不仅孤独而被动,而且是单向度的人。他们个性丧失、理性埋没、为媒介所控、道德沦陷,象征着"低级趣味"。大众批判的著名人物马尔库塞就提出,受众的形成就是媒介将社会个体进行同质化的过程,这个过程创造了一群"单向度的人"。这些单向度的人在面对媒介时,显得无知而脆弱。

第二种行为性受众研究,开始承认作为大众的受众具有个体性的差异,因此这种研究传统注重分析影响传播效果的个体性因素。受众是具有差异性的个体,在信息选择和接受中也有主动性。社会情境和个体特征的结合,影响受众媒介接触动机和行为,并且对信息内容的态度也有不同的反应。"意见领袖"就是其中的代表性理论之一。

第三种社会文化性受众研究,主要采用定性的研究方法及来自人类学的民族志研究方法,解释受众对于所接收内容的意义解释及其在不同语境中的应用。受众不再是被动的、消极的,而是积极的、主动的。受众的媒介行为受到社会情境和文化情境的影响,同时折射出这些现实生活中的真实情境。

文化研究的传统由20世纪六七十年代的文化研究学派推广。"大众受众"是文化的生产者,而大众文本体现大众的意义和品味。受众因为社会关系和社会交往的影响,对媒介的信息和文本进行千差万别的"解码",从这一研究传统开始,关于受众的研究不再是简约化的线性模式,而是进入各种复杂因素和力量彼此碰撞的现实生活。这种研究路径的转变,实践着麦奎尔所提倡的结合社会学的研究范式,解读传播领域的问题。

二、文化研究中的受众

文化研究不仅是一种学术思潮、一种研究路径,也是一系列从20世纪下半叶开始为社会和人文科学研究带来重要变革的研究实践。

文化研究发端于第二次世界大战之后,随着现代传媒技术的普及,美国娱乐至死的大众文化迅速进入世界各个角落。远在欧洲的英国社会,也对美国娱乐文化表现出高度的接受,社会文化因此日渐趋同。英国文化研究学派就根植于这样的社会土壤。许多工人阶级出身的研究者,希望打破文化工业营造的虚假社会认同,帮助工人阶级从自身的角度出发,解读媒介权力和符号意义。文化研究学派对充满活力的工人阶级文化进行阐释,注重考察大众媒体的普及对流行文化带来的影响,强调具有阶级色彩的价值体系和社会结构。出于他们的研究视角和社会经历,文化研究预设了积极的工人阶级受众群体,认为同一性的消费文化并未消除异质性的受众。"他们认为工人阶级的选择,以符合自己的文化需求为前提。这样的研究预设,也是文化研究学派强调受众主动性的源头"[4]。

文化研究的开创和发展,具有一个起核心作用的里程碑,即"英国伯明翰大学当代文化研究中心(The Birmingham Center of Contemporary Culture Studies)。该中心于1964年建立,之后出产了许多影响深远的理论。中心第一任主任理查德·霍加特的《识字的用途》、威廉姆斯的《文化与社会(1750—1950)》

及《漫长的革命》、汤普森的《英国工人阶级的形成》共同组成文化研究兴起的奠基之作"[5]。

在文化研究中,媒介内容被看作一种结构性话语,隐喻各种文化情境和社会情境与受众的互动,体现受众视角的媒体社会性使用[6]。文化研究也包含两种范式:一种是结构主义的范式,强调社会和政治中对受众产生影响的"决定性的力";另一种是受众研究的范式,肯定受众的主观意志力和主体性。

文化研究中关于"受众"的认识,经历了不断修订和调整的过程。在初期,受众是流行文化和资产阶级的附属品;其后,霍尔通过对文化符码的研究,肯定了受众在解码中的主动性;此后,费斯克强调大众文化中受众的决定性、主体性。在这一历史性流变中,文化研究学派对受众的作用不断给予肯定和期待,成为该学派具有代表性的研究核心。

在之前秉持精英主义思想的法兰克福学派眼中,受众面对强大的"文化工业"及其产品,根本无法抵抗意义的灌输,成为被异化的"大众"。这样的受众,就像经验学派所描述的那样,是"应声而倒的靶子"。受众是原子化的,并且在资本主义文化的侵蚀之下,已经完全丧失抵抗力。媒介内容是法兰克福学派的分析重点,其中体现的社会等级与意识形态之间的勾连和互动是研究的核心。媒介作为权利阶层的利益代表,在意义形态传播中起到重要的作用,进一步增加了工业社会中平庸化的大众文化生产传播。他们从文化精英的视角,批判工业时代被割裂的文化,"一边是人数不多、但是代表社会价值观念的精英文化;另一边是大众文化"[7]。大众文化虽然涉及庞大的人数,却都是没有辨别力的接受者和跟随者。

不可否认,法兰克福学派的理论影响了其后的文化研究,其中的许多经典立场都为文化研究所继承。文化研究强调文本、意义、话语同社会情境的互动考察。正如道格拉斯·凯尔纳所说,"英国文化研究认为在资本主义社会对于工人阶级的收编中,大众文化起到了关键性的促进作用,并且一种新的消费文化和媒介文化正在塑造新的资本主义霸权模式"[8]。

20世纪中叶,文化研究学者对法兰克福学派关于大众文化和大众的观点进行修订。霍加特一方面批判大众文化给社会带来的负面影响,美国式消费主义、享乐主义影响了当时英国的大众文化,形成了对社会的毒害;另一方面,霍加特乐观地发现,在日渐靡废的大众价值中,工人阶级的文化是一种"极具韧性的文化",不仅灵活地将大众文化为其所用,而且可以抵制工业化的媚俗文化[9]。

威廉姆斯对精英文化和大众文化之间的关系进行重新界定。他认为这二者并非相互对立,恰恰相反,它们是共同存在、互不冲突的。与其去讨论二者的对抗与斗争,不如将重点放在大众文化与各种社会现实及日常生活的互动上。正如他所说,"一个优秀的社会,依赖于事实和观点的自由发表,依赖于视野与意识的增长——对人们实际所见所知所感的事物的表达"[10]。

霍尔则确认了社会上支配阶级对于文化产品的影响。占主导地位的社会阶级将其意识形态在文本生产时,就通过技术性的编码,对文字、语言、图像等符号进行组织,将支配阶级的利益诉求写入文本。通过编码之后,文本在表面上看起来符合大多数人的利益。但是,符号的编码和解码并非是对等和一致的,其中充满复杂的变化。

莫利对电视节目《全国新闻》及其受众进行研究,布朗斯顿和霍布森二人则对肥皂剧《十字路口》从女性视角展开研究。他们不仅借鉴了批判学派的研究方法,也将经验学派的数理统计应用其中。他们先采用民族志的方法,深入受众的生活情境,随后通过深度访谈、调查统计等方式收集分析信息。在他们的分析中,"受众话语同媒介内容结构的互动关系是重点,企图揭示的是不同类型或主题的媒介内容,如何为特定受众所接受"[11]。通过实证和分析发现,受众的社会属性包括阶层、性别、职业等,与电视文本的意义解读、电视节目的传播效果之间有直接的关联。因此,他们提出,文本中的意义通过受众的解读后会具有个体性的差异。

费斯克更是一再强调受众的主体性。在费斯克看来,即便是在大众传媒的霸权力量面前,受众依然是积极的,他们不仅完全有能力抵制媒体的控制,还能将这些符号为己所用,生产代表自身的意义和快感。费斯克通过对电视的分析,提出广为人知的"两种经济"理论:"一种是金融经济,演播室生产电视节目,并把其出售给广播公司,在节目播出时,生产出受众,而受众又被卖给广告商,从而产生金融经济;另一种是文化经济,受众通过观看电视节目,成为意义和快感的生产者,产品是意义和快感,这时就有了文化经济。"[12] 文化经济是文化研究重点关注的对象。受众通过对电视符号的解读,角色转变为意义的生产者,从而获得快感。此外,通过对电视文本中主流意识形态的抵制、规避和冒犯,也会获得快感。

"英国文化研究中的受众,经历了从被动到主动、从浑浑噩噩接受到意义的再创造这一演变过程"[13]。文化研究开始之初,正值20世纪五六十年代,大众媒体迅速推广,风靡一时的美国大众文化席卷欧美社会。此时的受众见证了大众媒体的强大力量，非常容易被其吸引、受其影响，因而成为内容的被动接受者。但是，随后逐步形成的媒介技术促进了文化生产的繁荣，文化产品的类型和价值意识日趋丰富而多元。受众渐渐习惯于采用批判的态度对待文本内容，而不是一味地信任和趋从，对于文本中的意义也是选择性的解读。

三、文本和受众的关系

霍加特作为文化研究的早期代表，表现出对于文本影响力的深刻隐忧，以及对于受众消极态度的批判。霍加特认为，美国式的消费主义文化，对英国工人阶级文化产生极大的负面影响。媒介传播着腐败和堕落的内容，工人阶级在面对这种剧烈的冲击时显得手足无措、脆弱而缺乏思考，只能不加批判地消极接受。"新的大众出版物、电影、广播和电视（特别是它们的商业化），以及大规模的广告，是在工人阶级之中鼓动一种无意识的统一性、一种高度的被动接受性"[14]。借助媒介技术的迅速发展，代表这种堕落倾向的价值观念，被推广到英国的每个角落而无法抵挡。

相对于霍加特的悲观和担忧，霍尔的发现让人重拾对受众的期待。霍尔对于受众解码模式的总结，至今意义深远。在其著作《编码，解码》中，霍尔开创性地提出三种解码方式，将"经过意识形态编码的诸形式与受众的解码策略联系起来"[15]，这随后成为媒介研究中的经典理论。受众对于文本意义的解码方式有三种：一是受众按照支配阶级意识形态进行主导霸权式解码；二是受众不完全接受或者同意编码者的观点，对于其中的解读按照各自的见解进行协商式解码；三是受众进行同编码者意图完全相反的对抗式解码。这些解码过程就是受众同文本的互动过程，意义也在这一过程中生成，这表现了受众的能动性。

在肯定受众解码多样性的同时，霍尔也强调了意识形态编码过程的高度一致性。受众可以对已有文本进行协商或者对抗，但是由于编码者所占有的社会和文化资源优势，受众无法逃脱支配阶级的意识形态。社会生活中的主流意识形态是一种结构主义的机制，媒介内容的生产和意义的编码都要遵循这一机制。在意识形态要求下，媒介擅长通过生产舆论来制造共识，媒介内容持续性地体现社会意识形态的整体框架和细微结构，用一种含蓄的方式在媒介中再现社会情境。所以，意识形态的存在，总是"合乎语法的"，而通过这样的方式，媒介进一步使意识形态"自然化"[16]。

莫利通过对于电视和受众的研究发现，受众观看电视的过程，其实正是意义解码的过程。受众在其中是积极的个体,并不是被动接受信息或消费信息的原子。个体解码的活动,不仅受到所属文化结构和群体的影响,也受到社会经济结构的影响。性别、年龄、阶级这类社会人口学因素都会使受众解码出现变化。即便是同一个文本,由于共享文化符码的差异,也会呈现群体或个体之间的差异。而影响受众意义诠释的因素多重复合,必须放入特定的社会背景之中进行考察。

费斯克更加关注的是,受众对于大众媒介文本的颠覆性解读。受众面对编入支配意识形态的文本,灵活地采取规避的策略,避免主流意识的轰炸。受众通过对文本进行对抗性解读,冒犯主流的权威,并从这种抵制和抗议中倍感欢欣鼓舞[17]。受众并非受宰制性力量控制的"文化白痴",而是积极的意义争夺者。费斯克认为,享有权力的支配阶级将其意识形态"自上而下"地灌输给受众,而受众会采取"自下而上"的策略,或者如德赛都所言的"战略"、"战术"或者"游击战",进行抵制。特别是面对多义性的大众文化文本,"生产者式"的读者会通过意义的生产,进行话语结构的对抗。文本要面临的是各种各样的社会抵抗。宰制性力量不能通过媒介顺利完成权力观念的传播,而是在同受众的相互碰撞中纠缠妥协。凯尔纳曾经对英国文化研究做出这样的评价:"(其)创新意义就在于,看到了媒体文化的重要性以及它是如何与控制、抵制过程交织在一起的。"[18]

四、民族志的研究方法

民族志是文化研究的传统方法,也是传播学研究的重要研究方法之一。民族志的研究传统,最早由霍加特引入文化研究。霍加特在写作《识字的用途》的过程中,深入英国工人阶级的社区生活,勾画了英国社会、福利、教育的场景。因此,后来的研究者盛赞其"开创了英国文化研究中颇有特色的民族志传统的先河,同时将其看作传播学研究引入民族志方法的源头和奠基人"[19]。

威利斯采用民族志进行工人阶级青年亚文化的研究。他耗时三年完成《学做工》一书,其中大部分时间都是同观察对象——工人阶级的"小子们"生活在一起。他同这些工人阶级的孩子们一起上课、一起工作,在闲暇时同他们聊天,并结合从他们的家长和老师那里得到的信息,采取参与式的观察,深描年轻工人阶级的生活和文化方式。

随着越来越多的文化研究者将民族志应用到各种特殊群体和问题的考察研究中,民族志逐渐成为一种文化研究的传统路径。正如詹森和罗森格瑞所提倡的那样,"如果要综合受众研究的五种传统,那么深度观察和与研究对象的互动,就是必不可少的,在把握整体情况的同时要兼顾特例,民族志研究恰好可以为综合性的跨学科研究路径提供支持"[20]。

文化研究者对民族志的青睐,基于他们解决现实问题的研究初衷,也为他们的理论批判奠定了实践的特质。对此斯道雷认为:"文化研究的民族志与其说是验证一个文本'真实'意义的方式,毋宁说它是发现人们创造意义的方式。这样的意义是传播并嵌进人民日常生活的活生生的文化之中的意义"[21]。

最早、最成功地将民族志应用到媒体受众研究中的学者,以莫利为代表。莫利对《全国新闻》受众的研究,刷新了文化研究中的受众理论。莫利的研究团队选择来自不同社会生活的受众,让他们观看两集《全国新闻》后,再分组进行访谈,听取受众对于新闻内容的评价和观点。职业类型是分组时的主要考量标准,"经理、学生、学徒工和工会成员四类受众被分为 29 个小组。其中有 18 个组观看第一集,11 个组观看第二集。随后,采取开放式问答的方式,进行焦点访谈和小组访谈"[22]。通过访谈,莫利证实了霍尔对于解码的三种假设,也发现影响符码解读的差异性因素不仅仅只有阶级,个体性的因素也应该被考虑,而且解读类型也存在其他可能性。

英国传播学者泰勒和威利斯曾经评价道:"莫利的作品开创了对文本和受众之间动态话语关系的经验研究,而这个时期其他的学派仍旧相信文本形式上的特点替受众决定了他们能够解读出来的意义。他的研究为这个领域中的其他受众研究奠定了基础。"[23]

在莫利之后,民族志方法在文化研究中不断完善和成熟。霍布森进行了广播受众的研究,他走访家庭妇女,研究广播在她们生活中所扮演的角色,了解她们对于广播的态度。此外,他开展了女性研究和肥皂剧受众研究。他进入客厅,同家庭妇女一起收看肥皂剧《十字路口》,并同她们一起讨论交流,从中发现并揭示了女性在家庭权力结构中的从属地位。莫利进行了"家庭电视"的受众研究。他的研究团队选取伦敦南部地区的 18 个白人家庭作为观察对象,通过考察家庭成员的收看习惯和对电视的依赖程度,探讨家庭成员之间由于性别、身份、年纪等差异形成的权力关系[24]。

民族志的研究方法,使文化研究验证并超越了霍尔的解码和编码模式,发现了真实社会情境中受众同文本关系的复杂性和多样性,而方法本身也在实践中得到调整和完善。

第三节 国内外网络剧研究

一、国内网络剧研究的主要视角

国内对于网络剧的研究,覆盖了传播特性、文本叙事、美学艺术、产业营销等角度。

在传播特性方面,网络剧借助互联网传播,并以视频网站作为平台,内容与传统电视剧有明显差异。它采用非线性的叙事和碎片化的方式组织文本结构,同时给与受众强自主性,使受众可以自己选择视频内容、收看时间等,多样化的接受终端在网络剧传播中扮演重要的角色[25]。网络剧的发展与视频网站的发展息息相关,具有从"中心化、单向化传播"到"碎片化、网状传播的特性"[26]。

在文本叙事方面,网络剧借助热门话题和互联网流行元素构成故事框架,叙事题材在叙事上没有固定主线,甚至缺少固定的任务和关系,情节由数个短小、无头无尾的"段子"组成,在表达方式上普遍充满轻松、幽默、调侃、解构、娱乐化的特征,在思想内涵上追求去中心化、反权威化、反深刻思考[27]。

在美学艺术方面,网络剧创作和传播中的双重景观是在移动互联和全媒体融合时代后现代主义文化、青年亚文化和大众文化在影视剧创作上的艺术表征。它既承担着各种文化体系交织造成的话语表现,又受制于互联网和媒体的技术话语,网络剧中不再通过历史、未来、他者的互文关系来确定自我意义的"在场性",以及在场的原始、瞬时带来的真实、自由、网感十足的作品特征,成为网络剧在题材内容和价值审美上新的面向[28]。于是,"将现在从与过去和未来的关系中解放出来,将这里从与那里的关系中解放出来,使我们每一次现在、这里的生命都充分呈现自身的意义"[29]。网络剧的短故事片艺术形态有助于其大众化发展[30]。

在产业营销方面,网络剧利用剧本、演员阵容等无形资产来吸引风险投资商、广告商;在广告投放方面,挖掘剧中的广告平台,结合剧情加入植入性广告,并按照"创新广告接受模式",每段视频投放一个广告,且用户可以主动选择自己喜欢的广告内容;结合收费观看、版权输出、衍生产品开发等方式进行运营[31]。网络剧采取的营销策略具体包括:"三位一体"的产品策略、注重实效的植入广告价格策略、"四级梯进式"的渠道策略和"全矩阵"整合营销策略[32]。

在挑战发展方面,目前网络剧仍然处于成长阶段,虽然还没有制定出针对网络剧质量的评审标准,但能否保证其在今后道路上呈现良性发展态势,不仅取决于其商业运营模式,还取决于它能否尽快发展出稳定精良的艺术品质[33]。

内容的专业性和差异性将会成为影响网络剧发展的重要因素,今后网络自制视频节目的专业性将决定该节目的成熟程度,同时,网络自制剧的内容必须区别于电视才能获得更多点击量,并扩大受众群体[34]。网络剧不仅实现了跨媒介传播,成为网络生存发展的重要举措,也丰富了影视传播渠道,成为影视"整合营销战略"的有益补充,具有极大的成长空间。但是网络剧不仅面临使主题、形式如何符合受众心理的挑战,如何适应行政规制也是需要解决的重要问题[35]。网络剧在制作形式上,由草根自发制作转向"全明星、大投入、高品质、强制作";在题材选择上,更加贴近生活;在发行宣传上,利用自身优势,打造全面、立体的营销模式,这些都将是有益的尝试[36]。

网络自制剧在短短的十几年间,经历了从边缘到主流并实现品牌战略的发展历程,逐渐形成产业化发展态势。网络剧的产业化发展不仅是视频网站生存与发展的需要,也是网络话语叙事从文字到影像发展的必然选择。赵晖提出,网络剧改变了传统电视剧话语叙事的模式、制作理念、传播方式、产业模式,它也暴露出不容回避的问题:网络剧话语表述对叙事价值的消解;创作风格同质化,内容无底线;网络剧的整合营销缺乏战略性;网络自制剧的盈利模式尚需探索[37]。

总体而言,目前国内关于网络剧的研究文献有待进一步丰富,研究角度也有待拓展。网络剧的发展历史较短,学界把网络剧作为研究对象也就是从近几年才开始,对网络剧的研究文献从 2012 年才开始丰富起来。此外,目前国内对网络剧的相关概念还没有清晰的界定。网络剧虽然发展历史较短,但学界对它的研究兴趣正在不断增加。在现有的文献中,不少是对网络剧现象的描述,对其深刻的学理性分析还有待丰富。

二、国外网络剧研究的重要观点

由于互联网视频的迅速崛起,国外对于网络视频研究日益丰富。有研究者认为,网络剧与传统的电视剧相比,给予观看者更大的选择自由度。议程设置的权力过渡给观看者,他们可以根据爱好,完全自由地从一个文本转换到另一个文本进行观看[38]。"数据库,一个观众可以自由选择的节目集合"成为管理在线电视节目内容的关键原则,线性规定好的电视节目表变得不再受欢迎[39]。

在网络电视和传统电视的使用区别方面,研究者运用实证方法发现,如果用户越清楚网络电视在满足收看需求方面与传统电视的不同,他们就越倾向于收看网络电视[40]。

媒体文本的可重复观赏性变成许多电视剧的重要特点[41]。电视节目过去重视播放的适宜性,随着网络时代的到来,已经变成重视吸引网上观众注意力的可持续性。"电视节目必须设计成可移动观看的(时间和空间上)。电视节目的价值已经不再以一时段的收视率来评判,而是需要考察很多平台,跨地域的并经过长时间的积累才能看出来"[42]。这就包括了不同的播放系统、不同的播放形式、以及不同的播出效果。

为了满足消费者的观看要求和获得更多的观看量,内容生产商和销售商选择将电视节目放在自己的网站上,和像 YouTube、Hulu 这样的视频网站上播出。"原来传统的电视台,按节目单播放,具有明显的地域性,这些网络平台的出现,迅速击败了这些电视台,成为人们观看'电视'的重要渠道"[43]。网络还通过这些数字平台,迅速聚集了一批原来通过传统电视观看节目的粉丝。正如洛茨提出的那样,"这种非线性观看电视节目的可能性,让观看者迅速和线性观看节目的观看者一样观赏节目"[44]。

但是,也存在网络观看者不愿意重回传统方式的电视节目收看,因为他们已经适应网络电视节目的特质。格兰奇在其主编的《短暂媒体》一书中,就从传统电视到 YouTube 视频网站的观看习惯转变入手,讨论屏幕文化的融合转型。书中将这种观看者非常容易消化并很适合在网络播放的内容定义为短暂媒体。YouTube 就是其中的探索者。电影或者电视节目,为了适应网络播放的技术需要和审美要求,被分割成片段后供人观看[45]。值得注意的是,Fox、NBC 等内容生产商都在为网络上节目观众对于短片的需求制定应对方案[46]。

我国网络剧的产生和发展与微电影风潮的成因极为相似。昂贵的电视节目版权,严格的国家生产和播放管制,传统电视台商业空间的萎缩,新兴网络广告平台的崛起,这些因素都促成网络微电影的广泛传播,而这些原因也是网络剧兴起的重要因素。在文化层面,它们都是草根阶层富有创意的表达[47]。

在技术层面,网络电视实现的硬件需求和管理协议[48]是网络剧发展的技术支持。在经济学的角度,网络电视产业的发展和制约打破原有的渠道壁垒,实现多渠道的电视节目销售,将促进网络电视产业的成长,而这需要政府出台相关的配套政策[49]。而英国学者库珀早在 2007 年就提出,政府为了促进新的内容服务的发展,不对网络视频加以管控,是不利于整个互联网发展的。因此,政府应该出台相应的法律法规,管理网络电视节目内容的制作和播放[50]。

总体而言,在国外研究中,网络剧的内涵意义并不单指视频网站的首播剧集内容,而是包括网络制播和传统电视台网站提供的节目内容。因此,就研究角度而言,较多集中在网络电视和传统电视的技术差别和收看差别。值得注意的是,在讨论网络电视时,许多学者都注意到视频网站的自制剧生产和内容上的特点。由于英美等国网络剧的生产和播放,没有出现像我国近几年一样井喷式的增长,学界的研究发展相对稳定。

第四节 网络剧研究的主要问题

总体而言,本研究关注受众的网络剧观看行为——他们选择什么剧、购买什么剧、如何理解剧中情节、如何将故事"为我所用"。以受众为出发点,主要关注社会特征、社会环境以及随之而来的社会需要,本研究可分为以下四个具体研究问题。

一、网络剧受众的观看习惯

网络剧继承了原有电视剧的形式,却采用了全新的网络渠道。目前,关于网络剧的准确定义还在不断探讨和修正。早期有学者认为,"电视文化是最具开放性的一种文化样式,它不是封闭的、单向的传播者与接受者的交流,而是全方位的、多层面的交流,需要不同阶层、不同文化教养以及不同国度、地区、民族的人们共同参与"[51]。网络出现以后,大家公认网络文化是最具开放性的文化。随着我国网民数量的增长,"为用户创造内容"这一观念成为网络空间中内容生产的公认逻辑,视频网站和电视剧制作公司更是为此积极投身网络剧。网络剧以电视和互联网这两种文化为底色,融合两者的特点,并在生产和传播过程中,不断发展出自身的独到之处。网络剧是什么?这是需要回答的第一个问题。

网络剧通过网络渠道播放,网络剧观看不再像电视观看(是具有仪式感的家庭式观看方式)一样,相反,网络剧观看更加带有个人色彩。此外,移动性是网络剧观看必须要注意的特点,受众通过电脑屏幕观看网络剧的比例在逐年下降,通过手机、平板电脑等移动终端观看网络剧的比例越来越高。技术的改进,带来观看习惯的改变,相应地也在改变网络剧的主题、形式和内容。这就提出了另一个不可回避的问题,即受众的观看习惯是怎样的?——选择什么剧、购买什么剧、谈论什么剧、什么时候观看以及如何观看?

二、网络剧受众的快感分析

受众快感在费斯克对于大众文化的研究中占有重要的地位,也因此成为电视文化的核心概念,携带批判性的色彩。为了分析的便利性,费斯克在整体上将快感划归为两类:一种是生产式的,另一种是躲避式的。生产式的快感围绕社会认同与社会关系,通过意义生产获得快感;躲避式的快感是对权威力量进行的符号学意义上的抵抗[52]。

对于躲避式的快感,网络环境为网络剧受众提供了一个更为开放和自由的环境。网络剧体现的巴赫金所言的狂欢性,正是迎合了受众对于主流文化的"抵抗与冒犯"。对于生产式的快感,网络剧呈现出更为丰富和深刻的特性。

首先,受众不仅是在原有的文化意义上进行改造,而是直接参与原文本的生产。从传播的角度来看,在网络剧的制播过程中,生产者和接受者的角色边界呈现出模糊地带。网络剧制作方不仅仅是内容的提供者,也是信息的需求方。受众的观点和评论,对于制作方生产和调整剧集内容有重要的影响力。从观众的角度而言,因为参与了网络剧的制播过程,接收和反馈信息的过程成为更加愉快的经历。

其次,更为重要的因素是几乎所有网络剧都拥有自己的受众社区,这些社区打破地缘限制,为各个散布在互联网上的毫不相关的观看者们,提供了一个集体狂欢的广场和一个分享、交流共享经验的平台。当前的网络剧播放技术和信息发布技术已经使观众可以在不同的物理空间也能实时感觉到他人的情感变化。在网络剧播放期间,视频网站、百度贴吧、新浪微博等平台均提供实时讨论功能,这一功能是网络剧社群产生情感连接的技术基础。它不仅保证观众能够在不受外界干扰的情况下观看剧集,还给予观看者在互联网上与其他观看者公共讨论的机会。单个节点的个人情绪得以在整个社群中交流互动,个人的归属感和群体的凝聚力得到增强。

网络剧以互联网为播放平台,既提供了无物理边际的意义交流、共享与共同生产的平台,也打造了一个因共同文化价值而形成的文化群体。这与传统文化研究中的电视研究有所不同,个人或家庭、阶层或资本、性别或种族都不再能够作为受众划分的简单标准。那么,如何才能将网络剧受众科学分类,并探讨其观看快感的异同?

三、网络剧文本的意义生产

大众文化的生产者是谁？文化研究有一个前提假设，即大众文化的生产者并非大众，而是占有资源的资产阶级。大众在文化产品的生产中处于弱势地位。法兰克福学派认为大众文化是统治阶层创造的、强加在大众身上的统治工具。费斯克则认为大众这一概念是在抵抗宰治性力量的时候形成的[53]。由于经济地位和资本权利的关系，大众文化中必然存在权势阶层和弱势群体，前者试图在后者中推广本阶层的思想和观念；后者则采取规避和抵抗的策略，抵抗前者的意识形态灌输。

从后马克思主义文化研究的霸权理论出发，文化既非"本真文化"（从"底层"自然生发出来），亦非"自上而下"强加给人民的欺骗性文化，而是两者之间的"均势妥协"[54]。因此，文化既是"自下而上的"，又是"自上而下的"，既是"商业的"，又是"本真的"。文化同时包含"抵抗"与"收编"、兼顾"结构"与"行动"[55]。

当互联网成为影视文本传播的首要媒介后，传播过程中的话语权力开始重新分配，生产者、传播者、观众和评论者同时享有平等的机会。文本的类型和题材都具有更大程度的自主性和多元性，参与其中的角色也具有更加丰富的功能和权力。受众成为网络剧文本的最终目的，他们的偏好和选择直接决定文本的发展走向。因此，越来越多的网络剧制作方在文本生产和传播中，注重同受众的互动，积极邀请受众加入生产团队。受众在各个网络社区和社交平台中发表观点，并同制作方直接对话，对剧情和角色的发展进行讨论。开放的网络环境，为创作者、观看者提供了平等交流的机会和共同狂欢的氛围。

网络剧改变了传统文化研究中电视和受众的关系，网络剧制作过程中的受众参与与以前的模式相比，也发生了颠覆性的改变。如果按照文化研究的惯例，预设了意识形态在网络剧中的必然性存在，那么，其中被植入的意识形态是不是依然代表社会中的宰治阶层？如果不是，那么以网络剧为代表的大众文化，其生产者发生了什么变化？谁生产了网络剧中的文化意义？

四、网络剧受众所处的社会情境

网络剧受众研究需要突破个人、异质的层面，系统地与网络剧受众的社会经济地位相连。简而言之，就是需要了解受众中不同的亚文化结构和形成过程，以及不同团体和阶级对文化符码的共享如何影响不同类型受众进行解码，探讨使网络剧成为"受众生活必需品的社会环境"[56]。

当代中国社会阶层结构的变迁,是我国社会发展中一项极为显著的变迁。社会中的一些不平等现象会导致人与人之间社会地位的差异,以及由此而产生的社会分层[57]。由于各自社会地位、文化差异、价值取向、审美趣味的不同,他们对网络剧的选择、对节目的影响都有所不同,与网络剧呈现出不同的相互关系。与此相对应,不同阶层在网络剧观看中的地位、作用、话语权、影响力有明显的差异。

文化研究关于电视的受众研究,预设了一个父权制的白人资产阶级社会,与网络剧的具体中国社会情境有非常大的差别。目前,社会分层明显,社会差异加大,由此带来狂欢式的网络文化盛行。这些因素为网络剧带来深刻影响,普遍流行的社会心态在网络剧中得到展现,传统媒体塑造的形象在网络剧中被颠覆,大众娱乐生存状态在互联网时代发生重要转变。因此,当代社会情境下影响受众和网络剧的结构性因素是什么?这是不可回避的话题。

第五节　网络剧研究的意义

一、结构性情境与网络剧受众

本研究结合当下社会情境,对网络剧受众特性进行分析。作为备受网民欢迎的重要娱乐方式,网络剧凭借不受物理空间限制的互联网渠道,迅速扩大受众群和影响力,成为研究新媒介环境下受众研究的最佳样本之一。传播学中的文化研究将电视和受众作为研究对象,拥有较长的历史,并取得丰富的研究成果。网络剧在我国的出现和发展,与传统意义上的电视剧相比,具有明显的特点。

面对当前快速变迁的社会,原有的社会规范和准则受到挑战,新的秩序在不断涌现。焦虑感、孤独感成为普遍性的社会心理,文化需求变得越来越多样。电视剧受众渐失,在互联网时代成长起来的大众,促使网络剧呈现爆发式发展。其中,社会情境是重要的影响因素,文化的变迁和媒介技术的发展共同完成网络剧文本的特征塑造,而其中最值得探讨的,莫过于受众的观看需求和感受。

二、媒介技术与大众文化生产

本研究探索媒介技术的发展带来大众文化生产者角色的转变。媒介的变革,是人类信息传播的变革,也是人类交往方式的变革。媒介技术在其中扮演重要的角色。互联网的普及,特别是手机等移动终端的普及,不仅全面实现人的身体的延伸,而且迅速改变文化生产的路径。

在莫利和费斯克的时代,文化文本连同其中隐喻的意识形态,都是文化工业的产物,是支配阶层利益的代言人通过商业化的生产渠道到达受众。受众可以从这些他者生产的文本中获得可以利用的元素,按照自身的价值标准对其进行改造和再利用,但并不实际参与最初的文本生产。

互联网的普及,伴随着后现代主义的文化思潮。文化呈现多元和流动的特征,受众不仅是文化的接受者,同时是实际的生产者。在网络剧文本的生产中,受众从头至尾都是积极的参与者和决策人。文化生产的角色正在发生重要的转变。

三、互联网与受众话语表达

本研究讨论互联网时代的话语表达。互联网为大众提供发表意见的开放式平台,成为各种观点的交汇处。网络传播的扁平化的去中心性,使每个网络节点都拥有同样的表达权力。同时,起源于网络的网络剧,以互联网的狂欢、开放作为基调,对于观点、内容、形式的差异保持开放的态度。

网络剧受众多受打破常规、推陈出新的网络文化影响,具有普遍的开放性,尊重分享和表达,注重交流和沟通。"网络剧受众"作为一个特定的语词出现时,代表网络剧受众的普遍特征——他们通过日常实践表达符合自身价值标准的话语内涵。

从现实发展来看,对网络剧和受众的研究能使我们更加了解受众借助网络空间进行的文化意义的表达及构建机制,以此为基础,有助于我们管窥未来的媒介发展趋向。

第六节 网络剧研究的设计

在研究方法上以深度访谈为主线,侧重质的研究,结合量化研究,注重"个案式解释,同通则式的解释"[58],主要采用以下两种具体方法:一种是定性分析(网络民族志和深度访谈),一种是定量分析(问卷调查),其中深度访谈是起主导作用的研究方法。在网络剧受众的观看行为中发现、总结出受众观看的快感来源,讨论在当前技术和社会背景下文化意义的生产者角色发生的改变,以及受众的观看行为呈现的特征,能够更为准确地理解和阐释网络剧、受众、社会的关系。

一、网络剧研究的方法

(一)定性分析:网络民族志和深度访谈

1. 网络民族志

大量网络社区(或线上社区)的涌现,为民族志研究带来新的对象,因此,"网络民族志"应运而生[59]。网络民族志有时也被称为虚拟民族志(virtual ethnography)、赛博民族志(cyber ethnography)、在线民族志(online ethnography)或数字民族志(digital ethnography)。研究者将网络空间中的社区事件和成员交往作为考察对象,采用数字技术进行观察记录。

罗伯特·V·库兹奈特在《如何研究网络人群和社区:网络民族志方法实践指导》一书中,对网络民族志的实施方法进行了较为详尽的讨论。库兹奈特认为"网络民族志是基于线上田野工作的参与观察",并且他将网络民族志研究的流程概括为五个步骤:①定义研究问题、社交网络或调查主题;②识别或选择社区;③社区参与观察(参与、浸入)和搜集资料(确认伦理手续);④资料分析和重复解释发现;⑤撰写、展示和报告研究发现、理论和政策建议[60]。库兹奈特提出进行网络民族志调查的基本方法包括线上访谈、焦点小组、社会网络[61]。

在长期的社区观察中,库兹奈特倾向于参与式研究者行为。在对于网络剧受众的研究中,研究者采用参与体验者的角色定位,以网络剧社群成员的身份进行网络剧受众行为的观察,而不是单纯的、沉默的观察者。研究者在线与其他网络剧受众一起卷入、参与、联系、互动、分享、合作和连接,并将这种线上的互动拓展到线下。对线下的了解可以提供研究对象存在的真实情景,可以为了解他们的网络行为提供更深入的文化解释。有了这种了解,研究者再重新回到线上,无疑可以加深对研究对象的把握,甚至调整下一轮的观察内容和方向[62]。

网络剧受众社区分布在网络空间中,依托网络剧播放平台、各大论坛聚集形成。因此,为了对网络剧受众进行全面的观察,研究者自2015年起陆续加入视频网站、微信公号、新浪微博、抖音、百度贴吧、豆瓣等网络视频平台和社交平台的网络剧社区。在早期无研究意识的情况下,按照兴趣参与互动,建立成员联系。而后逐步按照库兹奈特提出的研究方法,重点观察、记录和反思网络剧受众社区中的意见领袖、热门话题、群组发展历史、观点冲突、社区成员之间关系、社区行为规范、社区活动等特征和模式。

2. **深度访谈**

深度访谈被广泛应用到社会和人文研究中,指的是"只在特定的议题进行高度聚焦的谈话,来获取那些潜在的感受或态度,以及回答者那些未曾被察觉或者仅有模糊意识的想法"[63]。研究采用深度访谈法,对网络剧受众的观看体验进行调查,有步骤、有针对性地记录和收集有网络剧受众观看体验的第一手资料。了解网络剧受众的收看习惯和对网络剧文本进行意义解读的方式和倾向,为受众分析获得更全面而多元化的系统认知与思考维度。受众是接触和使用网络剧文本的主体、话语权力的表达者,因此,在访谈中受众也是积极的讲述者和实际经验的传播者。受众越详尽地展示他们的收看行为、生活环境,或者描述他们的心理感受,就越能拉近研究同实际的距离。

访谈的内容围绕网络剧、受众和社会情境展开。正如包括文化研究在内的媒介使用研究一样,这些中心问题是不可回避的:现阶段的媒介研究,预设的受众是积极的受众,那么,这些积极的受众为什么会观看某种特定类型的文本?他们观看时的态度是怎样的?观看过程中的情绪有着怎样的变化?是愉悦的,还是厌恶的?如果是愉悦的感受,这种感受又是由哪些因素构成的?这些从受众出发的问题,实际上是对文本本身特征的考察,也是对受众所处的社会时代进行的探究(详见附录二"访谈提纲")。

本研究采用的主要方法是半结构式深度访谈。整体过程为受访者自由回答预设的一系列访谈问题,访问有时候也以讨论的形式进行。在访谈提纲中规划了访谈的基本内容,包含需要获取的必要信息。在实际操作中,完全按照提纲进行访谈是难以实现的。与每个受访者的交流过程,都存在很大差别。因此,访谈问题的具体表述方式,会根据实际情况做出改变,以求受访者充分地理解问题、明确地回答问题。对同一个问题的答案,不同受访者的感受不同,因此,回答的详略、角度也会不同,这时就可以采取补充提问的方式丰富答案。对于不适用受访者的问题即可跳过,或者寻找其他替代性的问题。

在认识到差异性的同时,更为重要的是强调对访谈统一性的坚持。尽管在每次访谈中具体的形式和顺序都有所调整,但是,所有的访谈都涵盖提纲所列的重要内容。幸运的是,网络剧的受众在访谈中的配合度和信任度都非常高。一方面是因为他们对于网络剧的喜爱,这使他们非常乐于表达他们的看法、分享他们的观点;另一方面,受网络文化熏陶,对于这些受访者而言,表达也是一种需求,他们期待有表达的渠道。因此,访谈可以在整体上依照提纲顺利进行。按照提纲,访谈形式有差别、内容有增减,兼顾了弹性和结构的平衡。

(二)定量分析:问卷调查

问卷调查是各学科研究中较为常见的数据收集方式之一。通过问卷调查的方式,可以迅速获得一定规模的各类观点和看法,便于进行统计和比较,发现普遍存在的倾向和规律。在网络剧受众的考察中,设计独立于访谈的问卷调查部分,以此来获得受众对于网络剧文本的选择倾向。通过这种方式,将受众心理和行为的倾向放入群体性的社会考察当中,对整体性的受众特征有结构性的认知,得到"通则式的解释"。此外,问卷调查也是深度访谈的有益补充。在数量上,问卷调查涵盖更广泛的人群,平衡单个受众的意见对于研究结论的影响。通过量化的比较,可以清晰地看到普遍性的趋势。同时,可以将在年龄、性别、职业等方面存在差异的受众群体进行交叉对比。

问卷调查采用匿名形式,设计的问题和答案选项均考虑网络剧的特殊情况,根据实际进行设置。问卷主要包含三个板块的内容(详见附录一"网络剧受众调查问卷"):①被调查对象的个人基本信息,包括性别、年龄、学历、职业、收入等情况,这些将在之后的分析中,帮助确定受众的所属阶层和群体;②关于网络剧受众观看习惯的内容,如通常的观看时段和时长、观看地点、观看方式、一同观看的人群等都已涵盖,还设计了观看付费的问题;③受众对于网络剧文本的选择偏好,受众喜欢的网络剧长度、喜欢的类型和题材,以及网络剧对受众的生活带来的影响,都在这个部分体现。

二、网络剧研究的过程

(一)研究准备

在研究准备阶段,重点是参与式观察。在网络剧"元年"之前,其受众的数量和规模就已相当可观,与之相对的是电视剧受众的日渐流失。作为媒介规律的探索者,这一现象值得注意。因此,研究者自 2013 年网络剧《万万没想到》(第一季)之后,开始接触越来越多的网络剧文本,并逐步加深对网络剧受众群体的认知。

2013—2020 年间,研究者除了观看网络剧文本之外,还参加与之相关的网络社区论坛和线下活动,按照点击量排名,定期查看网络剧评论区的消息;加入受众的讨论社区,参与交流,并且参加线下的社群活动;注册视频网站的会员,发表评论,并同其他受众互动;关注网络剧的官方微博和微信,同时关注导演、演员、作家的个人微博;参与百度贴吧、天涯等活跃的论坛,进行交流。这些都是获得第一手资料和感性认识的有益途径。

通过这种沉浸式、体验式、参与式的观察,研究者不仅对于网络剧文本和受众都有了更深刻的认知,也在这一过程中结识了许多受众,他们正是后续访谈和问卷的主要参与者。

(二)预调查

在正式的访谈和问卷调查开始之前,是预调查阶段。对于网络剧受众的调查,要充分考虑网络剧的文本特性,以及受众观看的普遍性倾向,因此,预调查必不可少。在这一阶段,通过与网络剧受众的讨论和交流,综合各个论坛和评论区的受众意见,初步得到大致的调查框架和重点。随后,在不同的受众讨论群和实际生活的受众当中,进行深度访谈和问卷调查的预调查。根据调查的结果和受众的建议,调整访谈提纲和问卷。

这一阶段的调查是正式调查的基础和预演,可以及时发现和调整不合理的问题,了解实际操作中受众的态度,使研究形成模糊的预判。更为重要的是,预调查与后期的正式调查彼此引证和支撑,能够保障研究过程和结论的信度与效度。

(三)正式调查

1. 调查对象

正式调查始于确定访谈对象和问卷调查对象。参与的调查对象由两个部分组成:一是来源于实际生活的调查对象,二是来源于网络的调查对象。来源于实际生活的调查对象,包括认识的家人、同学、朋友,以及经由他们推荐的同事、同学、家人、朋友。来源于网络的调查对象,包括研究者加入的QQ群和微信群成员、网络剧的评论区成员、网络剧的微博和微信公众号的关注者和评论者等。调查对象的来源结构见图1.1。

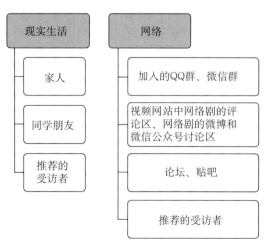

图1.1 访谈对象和问卷调查对象来源结构

调查对象的确定需要兼顾活跃受众和沉默受众,有经常发表评论的受众,也有不太公开表达意见的受众。而且需要平衡不同主题和类型的网络剧,这方面的差异有可能造成受众群体的差异。为了涵盖更多类别的受众,从网络剧文本的分类出发,更为便捷和可行。此外,需要涵盖不同意见和态度的受众。虽然都是网络剧的受众,但是,对于特定的文本,有反对、有批判、有指责,同样也有热烈支持和喜爱。因此,要把不同态度的受众都设为调查对象,为不同的意见提供展示。

2. 调查实施

在基于预调查的访谈和问卷调整完成后,调查实施过程分为三个阶段:①2016年7—9月完成第一部分的访谈;②2016年9—10月完成问卷调查;③2019年8—11月,完成第二部分的访谈。

首先是访谈,为了检验和修正不同时期的受众观点,这个部分的调研又分为两个阶段,二者间隔两年多的时间。第一阶段的访谈主要集中在2016年7—9月,访谈对象共50名;第二阶段的访谈主要集中在2019年8—11月,访谈对象共30名(详见附录三"访谈对象基本情况")。在集中访谈期间,获得主体部分的调查结果,除此之外,也有与少数受访者的补充性访问。愿意参与访问的网络剧受众都表现出明显的沟通意愿,他们对访谈问题的回答非常坦诚,有时候会分享更加私人化的经验和感受。出于对调查伦理的考虑,对于这部分的个人感受,研究者都会在访谈过程中及时确认是否可以作为研究佐证,如果被拒绝,则不会出现在本书中。

访谈的地点和方式并非固定,均以尊重受访者的意见为准。面对面的访谈、电话访谈、通过视频进行的访谈都被采用。其中,同在一个物理空间的面对面访谈采用较少,有37名受访者;通过电话、互联网进行的访谈相对较多,有43名受访者。访谈时间也不固定,多数集中在工作日的中午和晚上、周末或节假日进行,同样以受访者的便利性为主要考虑因素。

因为前期长时间的关注和参与受众社群,因此,研究者在访谈过程中能够进入受众的生活情境,与他们进行交流。有的受众与研究者的沟通非常顺畅,在9月的整体性访谈完成后,依然偶尔会同研究者表达他们的看法、进行讨论。这种状态一直持续至今,他们评点新出的剧集、讨论改编的水准、分享最新的社群活动,这使信息不断累积补充,逐步丰满。

其次是问卷调查。问卷调查在2016年9—10月完成。在确定调查对象时,对同意填写问卷的网络剧受众,考虑兼顾性别、学历、工作等因素的差异性。同时,参照中国互联网络信息中心 2016 年上半年发布的《中国互联网络发展状况统计报告》中对于我国网民结构的分布统计。累积发放的问卷总数为 371 份,有效回收 300 份。其中,在线下发放 200 份问卷,回收 179 份;通过互联网发放 171 份问卷,回收 121 份。线下发放的问卷采用纸质版,网络发放的问卷采用电子版。调查问卷覆盖的受众面更加广、人数更加多,获得的结果也更加具有适用性。

第七节 网络剧的界定及发展简述

一、网络剧概念的界定

随着互联网的迅速普及,影视符码作为大众传媒内容的一种重要形态,也面临各个层面的新转变。原本相互独立的文本和媒介相结合,产生了新的影视文本——网络剧。它改变了人们的观看习惯,在媒介使用、信息获取、休闲娱乐等方式上,都与传统媒介语境中的受众行为有重大的差别。关于网络剧的定义,学界到目前为止还未达成统一。概括而言,可分成两种界定的取向。

(一)按照网络剧的内容和形式特征进行界定

早在 1999 年,网络剧这一名词就已出现在学术讨论中。当时网络剧是指"Internet 与戏剧的组合",简称"网剧",是"通过国际互联网传送,由 PC 终端机接收,实时、互动地进行戏剧演出的一种新的戏剧形式"[64]。该定义虽然抓住了传播媒介的变化,但对网络剧的界定仅从戏剧形式的角度出发,已经无法涵盖今日蓬勃发展的网络剧内涵。

在这一定义取向中,网络剧作为"剧"的特征被凸显,而网络在其中的作用并未得到完整展现。有学者认为"网络剧包含两种内容,一种是传统电视剧通过网络播放,其中网络只是电视信号的一种接收终端,而且通过网络播放的内容和电视播放的内容并无差别,因此,传统电视剧变更信号终端后,也不能称其为网络剧;另外一种是指专门为网络制作、通过互联网播放的视频作品,是一种网络与影视艺术相结合的新兴艺术品种,网络剧实质上指的是这部分内容"[65]。但是,网络剧发展至今,已经不能仅仅作为一种艺术品种进行考量,而是具有更加广泛的社会意义。

(二)按照网络剧的制作和传播特征进行界定

与按照内容和形式特征来定义网络剧相比,从制作和传播特征的角度,显得更为科学。

"网络剧指通过摄影机、摄像机、手机或者其他视频摄制设备,借鉴传统电视剧的方法拍摄录制,在互联网平台播放,供网络用户观看下载分享的,每集相对短小的连续性剧集"[66]。这种定义突出了网络剧的制作程序,却忽略了网络在其中的作用。

网络剧有时被称为"网络自制剧","自制"突出的是制作者,"指由网络媒体承担投资拍摄资金,专门针对网络平台制作并播放的影视剧。其中,又可以划分成三种主要类型。第一类为视频网站与成熟的内容制作方共同制作的网络剧,这一类注重内容的创意性;第二类为视频网站为广告商定制的网络剧;第三类为投资规模大、制作精良、堪比传统影视剧的网络剧"[67]。

此外,网络剧"还称为网络自制影视剧,指由网站参与投资拍摄、适合视频网站播放的影视作品"[68]。相对而言,"按照网络剧的制作和传播特征,进行涵义解释,比较符合实际情况"[69]。

这些对于网络剧的定义都是具有开拓性的尝试,但也必须看到,这些定义更像是一种描绘,抑或是一种对现象的归纳。在对网络剧进行界定时,不仅要考虑涵盖目前已有文本的特征,还要使其适用于网络剧未来发展出现的新特征。网络剧和传统电视剧最明显的区别在于播放渠道的差异。因此,在界定中突出网络剧的播放媒介是必要的。此外,需要兼顾对于网络剧文本特性的概括。

网络剧是一种以互联网为首播媒介的剧集系列。具体而言,网络剧是一种适应网络传播特征,以互联网使用者为主要潜在受众,注重受众参与和交流的影视文本。同时,它是一种新的艺术样式,融合了舞台、电影、电视等多种表现手法。

二、网络剧的发展简述

(一) 第一阶段:萌芽

2000—2009年是网络剧的萌芽期。互联网的普及成为网络剧发端的重要条件。2000年,出现了与现在的网络剧较为接近的影视文本——《原色》,它由大学生完成所有的表演、拍摄、制作和上传,面向大众开放。2005年,作为网络剧核心播放平台的网络视频垂直网站在我国初现。先行者是土豆网,随后其他视频网站如雨后春笋般涌现。这些网络渐渐积累了大量的影视内容和受众。当时网络剧由个人爱好者、影视制作公司等生产者制作上传。直到

2008年,视频网站开始加入网络剧的生产,腾讯视频于当年拍摄制作了网络剧《嘻游记》,供受众免费观看。此后,网络剧制作日趋活跃,内容也越来越丰富。

这一阶段是网络剧的发端时期,多种类型的生产制作机构和个人都进行了尝试。尽管这一时期的网络剧在拍摄和制作手法上相对幼稚,投入的人力和资金都无法同电视剧相比,影响力也相对较小。但是,值得注意的是,这些网络剧的初期产品已经具有了同传统电视剧有重要差别的特征。从这一时期开始,片段式、快节奏、基调轻松、受众参与和互动,成为网络剧具有区别性的特征。

(二) 第二阶段:探索

2010—2013年是网络剧的探索期。这一阶段网络剧的生产者不断尝试和探索,在内容和形式方面,都出现了许多实验性的成果。在此期间,网络剧的生产主体渐渐集中,视频网站成为当仁不让的关键角色。优酷网的《嘻哈四重奏》、爱奇艺的《人生需要揭穿》等成为这一时期的代表作。也是在这个时候,网络剧的播放量开始可以用"亿"为统计单位,受众规模极其庞大。在内容和形式上更加丰富多变。剧集长短不一、更新时间不定、荒诞搞怪、戏谑仿拟,成为惯用的文本组织方式。

艺恩咨询的数据显示,"国内电视用户正快速流失,而在线视频用户已接近4亿户,2013年以来,用于投拍微电影及网络剧的资金已超过35亿元,预计五年内市场规模将达到700亿元"[70]。

(三) 第三阶段:发展

2014年至今是网络剧的发展期。2014年被誉为"网络自制元年"。在这一时期,丰富的资金和人员开始流向网络剧领域。这时视频网站不再是最主要的生产者和参与者,老牌的影视公司、新锐的制作团队、知名的演员、大量的投资都开始涌入。网络剧的数量和质量有了重要的跨越。在《中国电视剧(2014)产业调查报告》中,称"2014年的网络自制剧数量超过了之前数年累计数量总和,网络自制剧的发展进入了数量井喷的阶段"[71]。

令所有人都惊叹的点击量,产生了"现象级"这样的形容词,用于描绘受众众多的网络剧。"2014年上线的网络剧超过50部,出现了众多高点击量的热门剧集,其中点击量前十名的网络剧均超过了3亿次。点击量最高的《屌丝男士》在2014年年底就达9亿次"[72]。季播剧《泡芙小姐》"上线四年,集均播放量超过400万次,总播放量近4亿次,粉丝达到100万人"[73]。

2015年的网络剧《盗墓笔记》,更是再次刷新人们对网络剧的认识。因其原著总销量超过千万册、拥有超高粉丝群体,先导集上线 22 小时点击量即破亿,创下网络剧首播的最高纪录,尽管有着原著拥护者也无法理解的剧情、品质不高的"5 毛特效",却仍然在一片吐槽中迎来因点击量过大而造成的服务器崩溃。国内网络剧的"付费时代"正式开启。

自此,网络剧数量不断增加和质量不断提高,出现了包括 2017 年上线的《白夜追凶》《无证之罪》《河神》,2019 年上线的《北京女子图鉴》《哦!我的皇帝陛下》,2019 年上线的《长安十二时辰》《庆余年》《陈情令》,2020 年上线的《隐秘的角落》等在受众中评价较高的网络剧。网络剧受众的数量也随着更多有吸引力的剧集出现而不断增加,并逐步形成独特的文化属性。

本章参考文献

[1] Klaus Bruhn Jensen, Karl Erik Rosengren. Five traditions in search of the audience. *European Journal of Communication*, 1990, 5(2): 207-238.

[2] [英]丹尼斯·麦奎尔.刘燕南等译.受众分析.北京:中国人民大学出版社,2006,23.

[3] [英]丹尼斯·麦奎尔.刘燕南等译.受众分析.北京:中国人民大学出版社,2006,30.

[4] 蔡骐,谢莹.英国文化研究学派与受众研究.新闻大学,2004,2:28-32.

[5] [英]马克·吉普森,约翰·哈特雷.胡谱中译.文化研究四十年——理查·霍加特访谈录.现代传播,2002,5:82-85.

[6] Klaus Bruhn Jensen, Karl Erik Rosengren. Five traditions in search of the audience. *European Journal of Communication*, 1990, 5(2): 207-238.

[7] 朱立元.当代西方文艺理论(增补版).上海:华东师范大学出版社,2008,438.

[8] [美]道格拉斯·凯尔纳.批评理论与文化研究:未能达成的接合.陶东风.文化研究精粹读本.北京:中国人民大学出版社,2006,137.

[9] 朱立元.当代西方文艺理论(增补版).上海:华东师范大学出版社,2008,440.

[10] [英]威廉斯.张国良.传播学.20 世纪传播学经典文本.上海:复旦大学出版社,2003,362.

[11] [英]克劳斯·布鲁恩·詹森,卡尔·埃里克·罗森格伦.受众研究的五种传统.奥利弗·博伊德·巴雷特,克里斯·纽博尔德.汪凯,刘晓红译.媒介研究的进路.北京:新华出版社,2004,217.

[12] [美]约翰·费斯克.王晓珏,宋伟杰译.理解大众文化.北京:中央编译出版社,2001.

[13] 位迎苏.伯明翰学派的受众理论研究.北京:中国传媒大学出版社,2011,19.

[14] [澳]约翰·道克尔.一种正统观念的开花.陆扬,王毅.大众文化研究.上海:上海三联书

店,2001,34.
[15] [英]尼克·史蒂文森.王文斌译.认识媒介文化:社会理论与大众传播.北京:商务印书馆,2001,60.
[16] 蒋原伦,张柠.媒介批评.桂林:广西师范大学出版社,2005,187.
[17] [美]约翰·费斯克.王晓珏,宋伟杰译.理解大众文化.北京:中央编译出版社,2001,60-61.
[18] [美]道格拉斯·凯尔纳.丁宁译.媒体文化:介于现代与后现代之间的文化研究、认同性与政治.北京:商务出版社,2004,57.
[19] 郭建斌.民族志方法:一种值得提倡的传播学研究方法.新闻大学,2003,2:42-45.
[20] Klaus Bruhn Jensen, Karl Erik Rosengren. Five traditions in search of the audience. *European Journal of Communication*, 1990, 5(2): 207-238.
[21] [英]约翰·斯道雷.文化研究:一种学术实践的政治,一种作为政治的学术实践.陶东风.文化研究精粹读本.北京:中国人民大学出版社,2006,88.
[22] [英]戴维·莫利.史安斌译.电视、受众与文化研究.北京:新华出版社,2005,103.
[23] [英]利萨·泰勒,安德鲁·威利斯.吴靖,黄佩译.媒介研究:文本、机构与受众.北京:北京大学出版社,2005,153-154.
[24] [英]戴维·莫利.史安斌译.电视、受众与文化研究.北京:新华出版社,2005,151-195.
[25] 蔡小华.网络自制剧热播的传播学解读.现代视听,2013,9:46-49.
[26] 冯宗泽.网络剧的创作方式与传播机制研究.北京:中国文联出版社,2016,89-92.
[27] 张智华.中国网络电影、网络剧、网络节目初探:兼论中国网络文化建设.北京:中国电影出版社,2017,58-59.
[28] 王文静.现实的虚化与聚焦:网络剧创作传播中的双重景观.范周,王青亦.网络剧与网络综艺批评.北京:知识产权出版社,2019,9.
[29] 彭锋.重回在场:哲学、美学与艺术理论.北京:中国文联出版社,2016,14.
[30] 孙蕾.网络短故事片艺术形态特征及产业化发展趋势.中国电影市场,2012,8:31-32.
[31] 唐巧盈,杨瑶.从国内外网络自制剧的运营现状看其未来发展特征和趋势.北方经济,2013,10:16-17,39.
[32] 张梅珍,张小娟."自制"与"自治"网络自制剧的营销策略.新闻知识,2013,10:27-28,40.
[33] 曹慎慎."网络自制剧"观念与实践探析.现代传播,2011,10:113-116.
[34] 张丽敏.网络自制视频节目的传播模式和发展趋势研究——以《晓说》为例.文学界,2011,11:420-421.
[35] 庄若江.网络自制剧的崛起、发展与跨媒介传播.现代传播,2013,6:75-78.
[36] 陈露.网络自制剧的特征及发展方向.现代视听,2013,6:66-69.

[37] 赵晖.探究网络自制剧产业发展中出现的问题.现代传播,2014,8:147-148.

[38] Uricchio, W.. The recurrent, the recombinatory and the ephemeral. P. Grainge. *Ephemeral Media: Transitory Screen Culture from Television to YouTube*. London, UK: Palgrave Macmillan, 2011,31.

[39] Kompare, D.. Reruns 2.0: revising repetition for multiplatform television distribution. *Journal of Popular Film and Television*, 2010,82.

[40] Jiyoung Cha. Predictors of television and online video platform use: a coexistence model of old and new video platforms. *Telematics and Informatics*, 2013,30: 296-310.

[41] Kompare, D.. *Rerun Nation: How Repeats Invented American Television*. New York, NY: Routledge, 2005,169.

[42] Shimpach, S. O.. *Television in Transition: the Life and Afterlife of the Narrative action hero*. Oxford, UK: Wiley-Blackwell, 2010,4.

[43] Kompare, D.. Reruns 2.0: revising repetition for multiplatform television distribution. *Journal of Popular Film and Television*, 2010,81.

[44] Lotz, A. D.. *The Television Will Be Revolutionized*. New York, NY: New York University Press, 2007,112.

[45] Grainge, P.. Introduction: ephemeral media. Grainge, P.. *Ephemeral Media: Transitory Screen Culture from Television to YouTube*. London, UK: Palgrave Macmillan, 2011, 3-7.

[46] Dawson, M.. Television abridged: ephemeral texts, monumental seriality and TV-digital media convergence. Grainge P.. *Ephemeral Media: Transitory Screen Culture from Television to YouTube*. London, UK: Palgrave Macmillan, 2011,79.

[47] Elaine Jing Zhao. The micro-movie wave in a globalising China: adaptation, formalisation and commercialization. *International Journal of Cultural Studies*, 2014, 17(5): 453-467.

[48] Ji, Sung Wook. Diffusion of the new video delivery technology: is there redlining in the internet protocol TV service market?. *Journal of Media Economics*, 2014, 27(3): 137-157.

[49] David Waterman, Ryland Sherman, Sung Wook Ji. The economics of online television: industry development, aggregation, and "TV Everywhere". *Telecommunications Policy*, 2013, 37(9): 725-736.

[50] Christine Cooper. Television on the internet: regulating new ways of viewing. *Information & Communications Technology Law*. 2007, 16(1): 78-86.

[51] 胡智锋.电视美学大纲.北京:北京广播学院出版社,2003,295.

[52] [美]约翰·费斯克.王晓钰,宋伟杰译.理解大众文化.北京:中央编译出版社,2001,68.

[53] [美]约翰·费斯克.王晓珏,宋伟杰译.理解大众文化.北京:中央编译出版社,2006,47.

[54] Gramsci, Antonio. *Selections from Prison Notebooks*. London: Lawrence & Wishart, 1971,161.

[55] [英]约翰·斯道雷.常江译.文化理论与大众文化导论(第五版).北京:北京大学出版社,2010,1-17.

[56] Tania Modleski. *Loving with a Vengeance: Mass-produced Fantasies For Women*. New York and London: Routledge,2007,84.

[57] 俞虹.电视受众社会分层研究.北京:北京师范大学出版社,2010,9.

[58] [美]艾尔·巴比.邱泽奇译.社会研究方法.北京:华夏出版社,2002,26.

[59] 郭建斌,张薇."民族志"与"网络民族志":变与不变.南京社会科学,2017,5:95-102.

[60] [美]罗伯特·V·库兹奈特.叶韦明译.如何研究网络人群和社区:网民民族志方法实践指导.重庆:重庆大学出版社,2016,71,73.

[61] [美]罗伯特·V·库兹奈特.叶韦明译.如何研究网络人群和社区:网民民族志方法实践指导.重庆:重庆大学出版社,2016,55,58,64.

[62] 孙信茹.线上和线下:网络民族志的方法、实践及叙述.新闻与传播研究,2017,11:34-48,127.

[63] 阿瑟·阿萨·伯杰.张晶等译.媒介研究技巧.北京:中国人民大学出版社,2009,59.

[64] 钱珏."网剧"——网络与戏剧的联合.广东艺术.1999,1:41-43.

[65] 李志明,王春英,传播学视角下的网络剧特征探析.中国广播电视学刊.2011,11:53-54.

[66] 陈露.网络自制剧的特征及发展方向.现代视听,2013,6:66-69.

[67] 曹慎慎."网络自制剧"观念与实践探析.现代传播,2011,10:113-116.

[68] 庄若江.网络自制剧的崛起、发展与跨媒介传播.现代传播.2013,6:75-78.

[69] 何春耕,徐珊珊.论新媒体环境下我国网络剧创作的文化特质.电影文学,2015,5:10-13.

[70] 李好.笑点之上:万合天宜范钧万万没想到,http://www.forbeschina.com/review/201410/0037804.shtml.2015.12.27.

[71] 中国电视剧制作产业协会与中国广播影视出版社联.中国电视剧(2014)产业调查报告,2014,256.

[72] 艺恩咨询.2014 年视频网站内容趋势洞察之自制剧篇,http://www.entgroup.cn/Views/23079.shtml.2016.1.12.

[73] 中国网络视听产业论坛.2014 中国网络剧年度报告,2015.1.14.

第二章
网络剧:狂欢式的世界表征

根据巴赫金的狂欢理论,"狂欢节"是一种大众的文化策略,具有从中世纪以降的悠久传统。狂欢,代表对于宰治力量的反抗,以及对于建立普天同庆和自由民主的理想世界的期待[1]。狂欢理论预设了两种世界、两种生活。第一世界或生活中的大众,遵循官方规定的森严等级,日常生活压抑而枯燥,面对权威和教条,选择服从和恐惧。但第二世界或生活有着截然不同的面貌,相比官方的世界而言,是完全"颠倒的世界"[2],是"民众暂时进入全民共享、自由、平等和富足的乌托邦王国的第二种生活形式","是暂时通向乌托邦世界之路"[3]。

巴赫金将狂欢节中这种"狂欢式的世界感受"归纳为四个范畴的特征:第一个范畴是"随便而又亲昵的接触",人们之间的身份距离不复存在,生活中原本不可逾越的等级屏障被打破,所有人成为主动的参与者;第二个范畴是"诙谐和插科打诨",这带来欢笑亲昵,以及身体的狂喜;第三个范畴是"俯就",神圣和伟大走下神坛,与粗俗和卑微混杂联姻;第四个范畴是"粗鄙",到处充斥着冒渎不敬与对神圣文字和箴言的摹仿讥讽[4]。

从这四个范畴来看,网络剧的特点与人们在网络剧讨论社区上的现实表现都显现出狂欢的本质,网络剧成为人们摆脱各种压制力量与繁琐、无趣、乏味的日常生活的方式,成为第二种生活形式的广场。

第一节 广泛的平等参与

"在狂欢节上,人们不是袖手旁观,而是生活在其中,而且是所有的人都生活在其中,因为从其观念上说,它是全民的。在狂欢节进行当中,除了狂欢节的生活以外,谁也没有另一种生活"[5]。在巴赫金看来,狂欢节是全民参与的节庆活动,不存在表演和观看的角色分隔,所有人都是积极的参与者。现实生活中的种种秩序和藩篱都被打破,尊卑贵贱不再是划分等级和身份的标准,所有参与者彼此平等、亲密无间。"人与人之间形成了一种新型的相互关系,这种关系同非狂欢节生活中强大的生活等级关系恰恰相反。人的行为、姿态、语言,从在非狂欢节生活里完全左右着人们一切的种种等级地位(阶层、官衔、年龄、财产状况)中解放出来"[6]。这种自由和平等的参与,是狂欢节世界感受的本质。

一、回归"自我":日常生活的构建

(一) 他者化的大众形象

广泛而平等的参与,通过网络剧文本自身体现。在现实生活中,人们被不可逾越的等级制度、财产差异、职位级层所分隔,混合着社会文化遵循的家庭、年龄、性别差别带来的行为规范,阶层和隔阂日趋固化。许多与大众日常生活息息相关的话题和内容,在精英主义的叙事模式中被忽略、批判、篡改。而真正的大众形象却在文化产品中缺位。

狂欢节使每个人都回到自我,感受到本初的"我"。当讨论到"自我",不可回避地要讨论与之相对的另一个概念"他者"。"他者"(the other)的概念发源于西方哲学。古希腊哲学家柏拉图在其《对话录》中提出同者与他者(the same and the other),并且探讨二者的关系。其中,同者可以被看作与自我相近的一种意识。柏拉图认为同者的定位取决于他者的存在,同者通过他者认识自我。在随后的17世纪,笛卡尔提出"我思故我在"的著名命题并广为接受,自我与外部世界的关系被解释为主体与客体的二元式对立关系。黑格尔进一步将他者与自我的关系论证为一种包含相互矛盾,但是又相互依存、互为解释的存在形式。他者与自我的互相认知通过二者的互动产生,并在互动过程中不断修正和完善。因此,20世纪胡塞尔提出"主体间性"来阐释主体间的互动和联系,说明他者和自我之间的意识如何产生。哲学家萨特提出"凝视"是他者促使自我构建形象的重要方式。凝视有一种高级对低级、先进对落后的隐喻关系,自我可以意识到他者居高临下的审视,并且通过他者对自我的注视、判定、评价来构筑自我的形象。

在当代,福柯的话语理论和权力理论拓宽了他者与自我的社会情景。福柯认为自我主体性的形成受到特定社会话语的影响,在某个社会发展时期,被重复提及的那些关乎信仰、价值和规范的所有言语和书写,都是一种植入意识形态的语码。这些语码的筛选、呈现方式、解释方式,共同构成经验的再次组织和展示,也影响看待世界的方式。话语是他者的权力组织,并经过社会机器运行合作,合法植入被规训者和被教育者的意识中。霍礼德等认为,"他者"的概念涵盖政治、经济和社会生活中的不同群体,包括国家、种族、宗教、阶层和性别[7]。

媒介内容本质上是一种文本,通过将话语运作的文本多次呈现,建构并固化不同的社会群体形象。根据现象学和存在主义的思考脉络,他者不仅指代身份或者认同,更是在描述一种动态的形象建构过程。权力关系、意识形态是在讨论他者和自我形象建构的过程中现实存在的社会基础。他者是通过帮助或强迫主体接受一种特殊的世界观来确定其位置在何处赋予主体以意义的个人或团体[8]。在历史和现实的合力之下,他者通常被边缘化、属下化,并不享有社会生活的话语权[9]。

在大多数传统的影视剧中,普通大众的形象被"他者化",处于被凝视和规训的位置。各种题材的影视剧都不能脱离这一窠臼。关于大众的"刻板印象"被不断重复,渐渐脱离真实的面貌,生活成为一种被话语建构的经验。

首先,在数年来占据荧屏的历史剧和抗战剧中,大众扮演的其实是一样的角色。宏大叙事的背景和光辉的历史英雄,使得普通大众失去原本的活力和色彩。大众重复扮演支持者、反对者的角色,被迫欢呼或者被谴责、遗弃。其次,在看似贴近生活的家庭伦理剧中,恶婆婆和狠媳妇、出轨的中年男士、包容一切的女主人公等形象,将原本千姿百态的大众生活和人物角色限制在这些想象出来的刻板印象和限定条框中。再次,即使是在神话剧或新兴的科幻剧中,改变世界、创造奇迹的也是神仙和拥有超能力的人群,大众只需因被一次次拯救而感激和崇拜。

(二)回归大众生活和日常

在传统的影视剧将大众物化为"他者"的同时,大众亦将这些文化产品和这些产品隐含的意义视为"他者"。网络剧的主题并不关注终极性抽象命题,也不关注宏大的国家、民族叙事,而是力图展现平凡生活的存在形式。小人物的小生活,是网络剧的缘起和主线。在《文化与社会》一书中,雷蒙德·威廉斯将文化定义为一种整体的生活方式[10]。文化要让人回到自己的日常生活中。

网络剧将讲述小人物的小生活作为重要的主题。这些小人物,并非官方叙事中典型的拥有抱负、或天资聪颖、或后天努力从而获得成功的形象。他们是真正意义上的平凡大众,被压抑、受限制、有时随波逐流、有时听天由命,生活并没有同伟大的使命联系起来。平静而琐碎的生活状态,正是生活原初的面貌。无论这种生活方式被社会规范和伦理的话语定义为什么,这种展示方式都给予大众久违的熟悉感。这也是大众对于"自我"的回归。

网络剧也热衷于讲述小人物的成功故事。在故事设定中,没有谁拥有天然的霸权,凡人可以说话,弱者尽情狂欢;不存在普遍的社会阶层和权利分等,富人、官员通常都是被嘲弄和打倒的角色;当权者是陈腐和愚蠢的,新出现的底层英雄会带领智慧的民众迎来胜利。弱者在其中获得尊重,现实生活中的多重压抑和惯于谨小慎微的言行被暂时摈弃,一切都轻松自在、平等愉快。

通过这种形式的回归"自我",网络剧完成大众在日常生活中的形象呈现,为大众提供一个人人都会被尊重、都有权力表达展示的场域。在这里反对一切压制和被建构的生活,人人平等。生活是大众每个人的生活,大家都参与其中,不会被忽略,不会被遮蔽。

二、人与人之间实现不拘形迹的自由接触

人们的交往在网络剧中构建成一种新型、纯粹的社会关系,打破疏远和隔阂,回归最本真和天然的部落时期。乌托邦式的理想不再受现实桎梏,让每个人都能感受个体到社会母体的回归。这种关系与非狂欢式的现实生活中等级森严的社会关系相反,使阶层、官级、年龄、财产的差别都被弥合了。不仅如此,网络剧将这种没有等级的交往推广到打破时空、身份、技术、现实与虚构限制的无阻碍接触和交流。

(一) 社会等级的跨越

第一种自由的接触,是同一历史和社会情景下人与人接触和交往不受限制。社会交往遵循规则和礼仪,代表着阶层权利、社会地位的差别。不僭越、不失礼一直是社会交往的准则。例如,《礼记·曲礼》中为各种人物身份的行为作了详细的规定,并教化民众:道德仁义,非礼不成;教训正俗,非礼不备;分争辨讼,非礼不决;君臣、上下、父子、兄弟,非礼不定;宦学事师,非礼不亲;班朝治军,莅官行法,非礼威严不行;祷祠、祭祀、供给鬼神,非礼不诚不庄。这些交往准则嵌入深深的等级观念,并且使这些观念在实际运用中更加根深蒂固。这些具有等级隐喻的社会交往规范,在网络剧中都被处理成自由平等的相处形式。

餐厅、街头、洗脚店等公共场域,是当代背景的网络剧中经常出现的场景,如《屌丝男士》抑或《废材兄弟》。这些公开的场所是各色人物汇聚的地方，富商、演员、骗子、学生、白领、拾荒者、算命者，形形色色的各种阶层碰撞汇合。这些场景中的交往完全不遵循社会交往的成规，人物之间没有繁琐的寒暄，而是彼此勾肩搭背、奇异地组合在一起，小人物和大人物没有区别，权势阶级和流浪汉没有分别，社会交往成为一种随意的自然状态。任何身份的人物都是可以随意接触的，任何话题都是不被禁忌的，任何行为都不是怪诞的。例如，网络剧《冷宫传》就颠覆了古代尊卑身份的等级制度，讲述如同"中国合伙人"一样的创业故事，故事的主人公是本该高高在上的妃子和身份低微的太监。他们抛开身份，在皇城禁地——紫禁城里开设餐馆，平等相处，合作经营，自强不息，奋斗励志。

（二）时空的勾连穿越

第二种自由的接触，是跨越时空的人可以"穿越"到各个历史时期，实现超时空的交往。提及网络剧的叙事题材，穿越剧毫不夸张地占据半壁江山。《拐个皇帝回现代》《太子妃升职记》《纳妾记》《来自星星的继承者们》《超级大英雄》《四手妙弹》等网络剧都以人物的穿越为前提。穿越是一种狂欢式的故事想象，它跨越生死循环，打破自然更替。人们相互之间的距离都不再存在[11]。所有历史时期的人，都可以实现面对面的交流。这是所有人都参与的狂欢节的精神体现。穿越并非为了旁观，或者是做一个局外人。穿越是为了参与，是为了与特定历史社会中的人物进行交流。而这种交流是脱离社会固有等级规范的，是脱离生活常轨的，是一种平等自由的交流，不受尊卑或贫富的影响。

穿越对于大众而言，更多地意味着日常生活的剧场化。就像狂欢节到了一定的时间就会开始，这种超时空的交往表现在网络剧中，是以车祸、雷电、大雾等形式作为开端。穿越完成后，生活并没有被赋予更加惊天动地的伟大使命，只是将琐碎平淡的日常置换剧场后继续上演。这样的设置，让大众不是消极地观看狂欢或者演戏，而是实现大众生活在狂欢之中的愿望。茹毛饮血的远古时期、刀光剑影的春秋战国、盛世繁华的汉唐，皇帝、皇后、将军、重臣、才子、佳人，都可以经过神秘的宇宙力量实现无阻隔的接触。不同时期的人因而可以超越时空平等交往。

（三）打破物类的差别

第三种自由的接触，是人与神、仙、妖、鬼之间一种打破物类差别的自由交流。《四书五经》等描述的远古时期，原本人与神共生共存、杂居期间。自舜帝开始，人神、妖鬼分化，各有高低上下，区分等级，划立尊卑。因此，这不仅代表人与神的隔绝,实质上正是人与人的隔绝。这种隔绝表现为"异"和"别"[12]：天地人神有别,男女夫妇有别,父子君臣有别,上下尊卑有别,并且都具有身份象征的差异。这一切差别通过形式各异的社会规范表现出来。

人、神尚且有别,人、妖、鬼、怪自古殊途。妖魔鬼怪,作为比人低级的物类,无法拥有与人一样的权利和自由,更无法与人和神平等交往。它们始终是被猎杀、驱逐、降服的他者。这一切物类的差别,其实都在折射人本身的差别和隔阂。

网络剧展现的狂欢世界打破人与人之间、人与神之间、人与仙之间、人与妖之间的礼制差异,挑战"人神不杂"的礼制等级和秩序,还原一种人神杂糅的原始现象,重返古希腊人神同型、同性。人同神的交流,不再需要借助仪式实现。神、仙、妖作为各种各样的人的化身,与人处在一样的情景中,他们的外形和人没什么区别,同样具有人的美德和恶习。《器灵》《屏里狐》《灵魂摆渡》等都为这种打破差别的人的相处,做出诠释和注解。根据游戏改编的网络剧《传奇酒馆》,更是将游戏中原本对立的"战、法、道"三大角色设置成平等共处的关系,为完成使命共同抵抗邪恶势力。

(四) 超越现实和虚拟

第四种自由的接触,是剧中人和观看者超越屏幕限制、超越现实和虚拟限制的平等交流。这种交流通过画外音的形式出现。画外音是话剧、电影以及电视节目中一种艺术表现手段,是兼具叙事、抒情作用的艺术方法。画外音可以在不停变化的影片镜头中,为观看者促进叙事的进程,为剧情发展进行补充说明。画外音讲述的内容也是在故事情节发展范围内对虚构叙事的增强。画外音作为一个镜头中的旁观者,依然是属于镜头的,而镜头又是植入虚拟的叙事情景中的。因此,画外音的角色不会跳脱出故事或者人物的限定,成为同观看者一个视角的人物。

作为画外音的重要形式,旁白被网络剧大量应用,不仅包含影片内容介绍、剧情交待,也包含戏剧角色跳脱出其他剧中人与观众对话。与传统影视剧的旁白设置不同,网络剧中的旁白更多是完成剧中虚拟人物与观看者之间的情绪和观点交流,更多是在代表观众表达观影感受,或是惊叹,或是吐槽,并通过这样的方式完成与观看者的情感共鸣。例如,在网络剧《万万没想到》中,剧中人物王大锤即将挑战怪兽营救公主,他首先进行自我介绍,并从观看者的视角对自己使用的拙劣道具进行评价："我叫王大锤,是一个演员,正在拍摄一部低成本武侠剧。这也太低成本了吧,儿童玩具剑算是哪一出啊！"剧中人通过为观看者言说的方式,与观看者进行交流互动。

三、开放式的文本生产与传播

更为重要的是,这种广泛而平等的参与,通过网络剧的生产和传播过程体现。狂欢节没有演员和观众的差别,每个人都是举足轻重的参与者。当网络剧成为影视剧的重要形式和组成以后,话语权力开始重新分配,剧作者、制作方、观看者同时享有平等参与的机会,甚至创作者、制作者和观众的界限也开始变得模糊[13]。所有接触网络剧的个体,都参与网络剧文本的生产和传播。

(一)开放式的网络剧生产

从法兰克福学派到伯明翰学派,文化产品的文本生产者从来都不是受制于社会结构的大众,而是占统治地位的社会意识形态代言人。大众参与消费阶段,可以选择消极还是积极地解释文本中的意义。

在法兰克福批判学派看来,无论是在民主国家,还是在极权国家,大众传媒都难逃被操控的命运。在民主国家中,大众传播媒介被娱乐工业控制,资本在其中起到举足轻重的作用。霍克海默和阿多诺在《启蒙辩证法》一书中,提出"文化工业"(culture industry)这一概念来形容当时美国的大众传媒。他们认为,充斥美国社会的大众传播媒介及其生产出来的文化,与资本主义其他产品没有什么差别,都是商品化、复制化、标准化和工业化的[14]。在极权国家里,情况在本质上是一样的,大众传媒的最终目的是服务独裁统治。独裁主义统治更加强调等级的差异性,强调各个阶层的人群各安其命、各司其职,社会阶层的天然存在要被大众所广泛接受和认可,阶级、性别、种族、职业等有着天然的区别。"这种区别必须通过一切传播媒介——报纸、无线电和电影——得到系统的发展,以便将个人同其他人分离开来"[15]。

在伯明翰学派看来,社会文化中存在精英文化统治大众文化的现象,但是,大众在解读过程中是积极的意义创造者,可以通过协商、抵抗等方式解读文本意义。文本的解码过程同控制、抵制交织在一起。霍尔认为,在文化产品的生产过程(即编码过程)中就已经深深嵌入的意识形态,代表社会生活中占有支配地位的阶层。他们利用编码的过程,通过对语言、图像、影音等符号的加工,把支配阶级的利益诉求进行包装和润色,使其看起来符合多数人的利益。因此,霍尔提出文本的编码和解码之间并非是对等和一致的。费斯克在对电视节目进行讨论时也指出,演播室生产的电视节目代表具有影响力的阶层利益,大众可以通过游击战等方式防止被同化[16]。

网络剧同其他任何文化产品一样,是有权者和无权者之间的"战场"。在这里各种声音和诉求激荡碰撞,从而在交流和协商中完成意义的生产。各个角色之间的斗争,就是争夺意义的斗争。在这样的斗争中,主宰阶级旨在将服务于自身利益的符号"自然化",使其成为整个社会的常识;而从属的阶级也以丰富的战略、战术应对,抵制被意义同构的过程,并且努力使这些意义符号服务于自身的利益[17]。

从生产来看,美国媒介研究学家阿曼达·洛茨在讨论网络给传统电视剧造成的影响时,就提出由在线播放和数字下载带来的转变对其具有重要的意义,在与之相关的领域内,富有创造力的参与者正在形成新的约束和可能性[18]。网络剧的观看者开始扮演积极的生产者的角色。网络剧的受众不再仅仅是生产者意义的被动接受者或者媒介工业产品的消费者,而是文本生产的参与者、意义的生产者。正如麦克卢汉所言,"那些包含了需由观众来完成某些过程的电视节目是最有效的"[19]。互动式网络剧让"每一个网民都成为编剧"。许多网络剧采用边录边播的形式。在播放的过程中,剧本改写和快节奏的拍摄,与获取受众观点同时进行。导演也无法知晓最终的结局。一切都由观看者控制,导演和演员成为观众的代言人。网络剧《赵赶驴电梯奇遇记》在拍摄之前,观看者就参加了演员甄选和剧情走向的讨论投票。在网络剧《屌丝男士》中,男主角大鹏的女友,因受到观看者情感倾向的影响,选择女星柳岩出演;《盗墓笔记》主创团队在进行剧本改编阶段,就有观看者参与。

网络剧文本赋权于所有观看者,使其作为意义生产和传播主体,拥有进行意义选择的权力,他们作为文本的生产者、转换者和传播者,分解了控制群体的权力。从剧本选择、角色设置,到演员选取、叙事发展等环节,网络剧的观看者都参与其中,成为重要角色。由于观看者的重要地位,网络时代的普通网络剧受众已经代替原来的知识精英,成为文化意义生产和服务的主体。不仅如此,网络剧的剧本创作者大多不是职业作家,而是有写作热情的普通人。演员、导演的来源背景也各式各样,不限于专业从业者。在网络剧生产中,各个剧作者、制作方、观众都享有平等参与的机会。因此,网络剧文本成为真正的大众文本。

(二)开放式的网络剧传播

麦克卢汉说,媒介即信息。信息的传播渠道,比信息内容更为重要。在媒介出现和普及之后,适应这种媒介的信息内容会自然而然地产生,同时带来传播方式的变革。人类的传播活动和信息流动也随之改变。因此,在麦克卢汉看来,媒介技术塑造了人类理解世界的角度、思考世界的习惯。印刷、广播、电视、数字技术这些信息传播的颠覆性技术,带来了人类交往的新格局,也开创了社会变革的可能性。网络剧以互联网为传播渠道,为了适应网络无远弗届的传播特征,无限扩大信息抵达的个体或终端,网络剧在传播方式上做出各类尝试。这也是众人参与网络剧狂欢的技术保障手段。

首先,网络剧传播意在构建人人参与的网状传播渠道。碎片化、快节奏的互联网信息传播特性,改变了人们以前重视逻辑和深度思考的信息处理习惯。网络剧为了适应这种转变,在传播方式上与传统电视剧有所不同。单从剧集长度来看,大部分网络剧都采用短小简练的体量,一集十几分钟到二十分钟,节奏迅速,情节紧凑。这在一个按"流量"来进行信息统计的社会中,是获得更多受众的有效手段,也是让更多人参与这场狂欢的方法。

获得更多的受众,不仅是经济方面的收益,更是将受众纳入扩散渠道的重要方法。网络时代的确是一个用户生产内容的时代,更是一个用户传播内容的时代。微博、微信等社交媒体的盛行,知乎、果壳等知识和信息分享平台的推广,豆瓣等点评平台的风靡,都使每一位接触网络剧的受众成为信息扩散和传播的节点。观看者可以通过在自己的社交媒体中转发网络剧信息,或者在自己的好友圈中为某部网络剧点赞,或者在点评网站上发表评论等方式,扩大网络剧的传播范围。

其次,网络剧传播旨在实现随时随地的狂欢。有别于传统电视剧对于卫星信号、电视塔同电视机的依赖,网络剧采用数字传播的方式,兼容各种形式的播放要求,不受设备局限,也不受地域局限。只要有网络终端,就可以参与网络剧的传播,并且成为传播网络中的连接点。电脑、平板电脑、手机、户外电子屏、移动交通电视屏等屏幕的普及,让这种参与更加便捷与迅速。

渠道权力的改变,不仅使成员之间的依赖程度和影响作用发生变化,也带来各成员之间关系的变化。传统电视剧因为受到电视台播放渠道的制约,生产的影视剧文本不可避免地受到精英媒体的影响,代表精英阶层的利益诉求和文化审美。当媒介技术改变之后,互联网成为一个开放的传播渠道,观看者成为能够决定媒介产品意义的决策人。在网络空间中,大众也因此能够成为文本意义的生产者。

再次,网络剧传播过程其实也是多方参与的生产过程。作为一种开放式的文本,网络剧的传播与其内容生产是结合在一起的。在这个过程中,观看者可以全程参与并掌握剧集发展的方向。有的网络剧在播放过程中,观看者可以通过视频聊天直接与喜欢的剧中人实时对话,或者是向喜欢的剧中人赠送虚拟的鲜花。

以2008年的网络剧《Y.E.A.H》为例,该剧借助在线视频互动技术,使观看者参与剧集发展。在播放期间,该剧周一至周五每天播出,周末进行观众讨论互动,并投票决定下一周的剧集发展和主人公命运。故事的结局也以这样的方式投票产生。包括编剧、导演、演员、观看者在内的多种角色,在制作和播放的过程中,都可以介入剧集情境、参加讨论、施加影响,从而改变网络剧文本嵌入的意义内涵。

第二节 诙谐和插科打诨

巴赫金指出,"以诙谐因素组成的狂欢节强调非官方、非教会、非国家的看待世界、人与人之间的关系,它们似乎在整个官方世界的彼岸建立了一种第二世界和第二种生活,构成了一种特殊的双重世界关系"[20]。插科打诨带来的诙谐幽默,奠定了狂欢节的喜悦气氛,在这种气氛弥散的人群之中,塑造一种与官方规范截然不同的世界观。在等级文化中,权力通过禁律和规范确定合法性,并采用专制和暴力的方式维护合法性,对普通大众进行带有威慑性的训诫。狂欢节的笑,却将人们从威慑和恐惧之中释放出来,通过身体的狂欢实现思想的发泄。在巴赫金看来,狂欢节打破各种等级间的陈规,是人们暂时拒绝官方世界的机会。狂欢节是人民大众的生活节庆,是以诙谐因素组成的第二种生活,它与官方节日有着根本的区别[21]。

网络剧的叙事和语言绝不循规蹈矩,幽默诙谐成为吸引观众的主要因素之一。无厘头的搞笑和段子,成为堆叠在网络剧中不可忽略的支撑内容。网络剧语言摆脱了"规则与等级的束缚以及一般语言的种种清规戒律,而变成一种仿佛是特殊的语言,一种针对官方语言的黑话。与此相应,这样的言语还造就了一个特殊的群体,一个不拘形迹地进行交往的群体,一个在言语世界里坦诚、直率、无拘无束的群体"[22]。

法国著名哲学家柏格森在他的美学专著《笑:论滑稽的意义》中,从生命哲学的角度为笑和滑稽下了定义,同时提出从人物的滑稽、情景的滑稽和语言的滑稽等角度进行诙谐的讨论。

一、情节:荒诞离奇和拼贴杂烩

(一) 碎片化、拼贴式的情节组合

俄国形式主义学派的创始人和领袖什克洛夫斯基与艾亨鲍姆,将叙事划分为"故事"和"情节"两个部分。"故事"是指叙事的基本素材,指按照实际发生时间、因果等关系排列在一起的各种事件;而情节指的是创作对这些素材进行的艺术处理以及形式加工。对于同样的故事,情节的设置和重构,将影响整个叙事的主题表达[23]。在传统的情节处理方式中,倒叙、插叙等都是常见的手法。但是,为了保持叙述的完整性和整个故事表达的可理解性,在诸多的影视剧中,按照自然时间序列进行顺叙,在情节上仍是占主导地位的结构方式。

网络剧的叙事情节并不以顺叙为主流。恰恰相反,在网络剧的情节结构中,打破时间序列的结构设置,以碎片化、拼贴式的形式组织故事,成为其最突出的特征之一。各种叙述方式混合杂糅其间,因果和时间的关系变得含糊不清,叙述情节和故事事实的边界也变得难以区分。

网络剧采用碎片化的情节组合,按照看似"无厘头"的设置进行叙事。首先,在叙述时间上打破自然时序,创造出一个可以在时间中自由转化的故事场景。受众跟随看似不着边际的叙述者在各个时空当中穿梭、游移。不同的历史时间段被打破重组,原本从未有交集的各朝各代也在共同创造一种偏离历史事实的生活。各个时间序列之间也不存在先后的必然顺序,一切都是随心所欲的。其次,网络剧在叙述的内容上彼此是割裂的,不存在必然的因果联系。前一幕的场景和后一幕的场景,经常并非旨在构建一个有前后逻辑的故事。受众不需要从前面的情节对后面的情节进行衍生或推理。这种情节设置完全抛开严肃,用有趣诙谐的故事场景,为受众呈现一个完全"陌生化"的背景,实现一种轻松的观看体验。

网络剧采用拼贴式的情节组合,将看起来毫不相干的故事组合成一个叙事拼盘。与其说这是一个完整的叙述,不如将其看作情节的"杂烩"。在这样的情节中,讲述内容不知起始时间,更不知结束时间。所有的内容都像是讲述者的兴之所至,甚至连故事的叙述者自己也不知道下一个情节将是什么。

网络剧《爆笑先森》就是一部这样的碎片化式喜剧。这部网络剧的男主角崔志佳,被设置成一名身份不明、年代不定的人物。这就意味着他可以在各种角色和时间当中自由转化。因此,剧集的内容就由每集数个不同的片段组成。

在前一幕,崔志佳是被困在孤岛的"野人",与世隔绝,必须荒岛求生;在下一幕,崔志佳成为战士,在硝烟弥漫的前线,同战友一起浴血奋战、保家卫国;而另一幕,崔志佳又变成独眼海盗船长,在加勒比细细回味自己的光辉年代。

(二) 荒唐怪诞的新奇感和陌生感

网络剧这种碎片化、拼贴式的情节设置,制造了荒诞、离奇、"不费脑"的观影感受。受众可以从任何时候开始观看网络剧,不必顾忌情节发展到哪个阶段,不需要回顾以往的故事情节,也不需要预期以后的故事情节。荒诞、奇异的情节轻松搞笑,不要求受众投入更多的精力和脑力进行思索和理解。一时远古、一时现代,可为草民、可为侠客,这就是杂烩在一起的网络剧情节。塑造的狂欢世界,充满欢快的自由气氛,诙谐有趣,引人入胜。

同时,各种不相关联的情节之间又有重重矛盾,形成强烈的喜剧反差。这些错乱组合的情节和矛盾,混杂拼贴在一起,无法用正常的叙述和理智的分析来解读。适用于传统影视剧的常规性理解方式,对网络剧的情节理解不再适用。而这些无法彼此解释、支撑的故事情节,当被论及其逻辑性时,又会被讲述者通过嬉笑、调侃的方式轻松回避。观看传统影视剧,受众期待的也许是一个起承转合、完美连接的故事,网络剧却正是凭借这些错综复杂、光怪陆离的情节,制造了一个富有趣味的世界。网络剧不需要受众带着严肃的批判精神来观影。只要跟随天马行空的讲述者,经历各种有趣的人生和事件,就已足够。网络剧使用时间、历史、情节的混乱穿插,通过增加新奇感和陌生感,让人们在平日循规蹈矩的寻常世界产生一种全新的体验。

二、人物:生活化的小人物和大人物

(一) 寻常小人物

如果说网络剧是大众日常生活的世俗化呈现,那么,网络剧的主角自然就是平庸而寻常的小人物。小人物是喜剧故事中的灵魂。幽默诙谐的喜剧通常都来自庸常小人物的故事。他们遭遇的各种尴尬,都成为观看者的笑料。尼尔和克鲁特尼克在评论喜剧电影时就曾经提出,从几千年前的亚里士多德开始,喜剧就是最适于表现现实生活的文本类型,而表现的这种生活"并非统治阶级或者高贵权势的生活,而是'中等'和'下等'社会阶层的生活,是那些本领有限,土生土长,其做派、举止和价值观被'上等人'视为粗俗的人的生活"[24]。小人物的故事,才是大众的故事。

网络剧中的大多数小人物,都不是"高、大、全"的典型性英雄,而是一些平凡无奇的小人物,他们在生活中跌跌撞撞,也许到处碰壁,也许安于平淡。甚至他们是被社会边缘化的人物,包括失业青年、地痞流氓、骗子酒鬼等,都成为网络剧影像文本中的主角。同时,这些小人物并非扁平化的,而是立体丰满的。

一方面,他们体现了世俗人性化性格中的真、善、美。网络剧中的小人物大多是善良而豁达、乐观而平凡的。他们在生活中并不占有财富,也不拥有过人的智慧和容貌,但是,他们善良、乐于助人,虽然有时会被欺骗和嘲弄,但天真愉快的天性让他们总是在寻常生活中寻找那样一些小乐趣。他们或是没有骏马,也要去拯救公主;或是身无分文,依然同情乞丐。

另一方面,他们有着各自的弱点和毛病。好色、自私、虚荣、懒惰、贪财、懦弱等现实生活中普通人有的小毛病,在他们身上都可以看到。他们不时会表现出在社会生活中被批判的言行,也不时会迷失自己、误入歧途。但是,他们在历经尴尬之后,最终会重拾平淡愉快的生活,没有被打倒,也没有成为英雄。《灵器》里的男主角是平凡的少年莫明,他自幼失去父亲,由母亲一人艰难抚养长大,却相信正义,在得到法宝后努力维护世间和平。《动漫英雄》的主角是苦逼小白领张伟,偶得超能力能够拯救世界,在能力消失的时候又回归普通人。《大侠日天》里的刘日天,也不是什么"侠之大者",而是终日痴迷武侠、靠在街边摆摊贴膜维持生计的边缘少年。

(二)凡俗大人物

除了犯傻的小人物之外,还有平凡的大人物,他们也是构成网络剧诙谐效果的重要因素。戏剧根据主角和故事内容,可以分为三个等级差别:处在最高级的是悲剧诗人,这些戏剧的主角是高贵人物,讲述的是关于伟人和名人的庄重严肃的故事;最底级的是讲述卑微角色的故事[25]。意大利文艺批评家敏都诺提出,喜剧之所以幽默诙谐,是因为它呈现有趣和可笑的事情,更重要的是表现处境卑微的人们和平庸之辈的形象。可见平庸是制造诙谐气氛最重要的基础。大人物想要引人发笑,就必然被塑造成平凡普通的形象。这种反差是插科打诨的惯用形式。当现实中的大人物在网络剧中作为有瑕疵的平庸人物出现的时候,诙谐轻松的情绪也就因此而产生。网络剧《水浒学院》将《水浒传》中的硬汉英雄林冲,设定职业为大宋郓城监狱典狱长,但他同时是一个文艺青年。自年少起就醉心艺术,潜心研究艺术理论,并且才华横溢,一直坚持用艺术改造收押的犯人,用艺术洗涤犯人的灵魂。《水浒学院》中的智多星吴用足智多谋,却一点都不冷酷,是一个唠唠叨叨的大话痨。这类原本严肃、高大的人物形象,经过人物重构之后,形成强烈的认知反差,也因此制造出诙谐幽默的笑料。

由于这些人物综合多种多样的缺点或优点,有时彼此矛盾、彼此冲突,因此,网络剧制造出许多诙谐的喜剧化情节。小人物,或是在努力成为大人物的过程中,或是在坚持自己平凡生活的境况下,不断遭遇挑战和尴尬。而大人物有着深刻的世俗品质,或是有着不登大雅之堂的癖好,或是经常被小角色讥笑,他们有限的本领、惹人发笑的举止做派和价值观,都能制造出诙谐的气氛。

三、语言:插科打诨和夸张讥讽

语言为网络剧展示诙谐和滑稽提供最丰富的素材和手段。普罗普在其《滑稽与笑的问题》中表示:"双关语俏皮话、反语,以及所有同它们相联系的俏皮话,甚至于连嘲讽的某些形式,都可以用来表现滑稽。"[26]网络剧使用诸多狂欢式自由不羁的语言,或是亲昵的、露骨的,或是插科打诨的、夸张讥讽的。正是这些语言构成自由狂欢的美学风格,并从总体上构筑一个狂欢节的气象。在这里,语言不仅是参与者,更是网络剧狂欢本质的核心,以可笑可乐的形式颠覆独白的社会意识形态。语言的轻松愉快,除了带来观看的审美愉悦,也在表达倾覆权威的释放、畅快与自由。

网络剧语言的基本文体特征,是采用戏仿、讽刺、拼贴、混杂等方式,经过思维发散、逻辑变换的处理,实现最大胆奔放的幻想和隐喻,呈现密事丑闻、乖张怪诞、不合时宜的言行和场景。

(一) 语言的戏仿

戏仿(parody),又被称为戏拟或是仿拟。它起初是西方文学理论中关于文学技巧的概念,随后逐渐流变成一个文化概念。20 世纪五六十年代,在解构主义关于中心边缘化、去意义的哲学理念阐释中,都使用"戏仿"作为其文论中的重要术语。在解构主义看来,戏仿以文本之间的互文和文本间性为基础,创造一种具有不同叙事策略和修辞形式的新型文本,并以此戏谑性的仿拟传统经典,调侃与解构其本体蕴含的意义。而网络剧对戏仿的运用,除了受到后现代文化语境影响外,更多的是出于其娱乐化和商业性的目的。

网络剧语言的戏仿,可以分为两个层面。第一个层面是对于主流意识形态话语的戏仿,包括对于官方的政治话语、方针政策、宣传标语等的戏仿。将这些大众熟知的政治性话语或官方话语,转换不同的历史情境,由不同的人物角色来表达,通过制造荒诞的语境形成悖谬,从而达到诙谐的效果。在网络剧

《水浒学院》中,原著小说中的"梁山好汉"宋江经常挂在嘴边的话就是"斩妖风,扬正气,消灭大宋恶势力"。此时宋江俨然成为政权的维护者,与受众的原初印象产生重大差异,因而可笑。《名侦探狄仁杰》中的孔县令戏称:"我是上班、下班统一着装,我为人清廉、为人坦荡嘛。"村民来找狄仁杰和白元芳,要求他们查村里的"诅咒杀人"案件。狄仁杰问为何不去报官,村民说:"报官?我们报了,他们不信,说怎么可能有诅咒杀人呢?要我们相信科学,还要填表,太麻烦了。"当代社会的政治话语被模仿和戏谑,大众在这种戏仿游戏中获得一种反讽的力量和谐谑的快感。

第二个层面是对于经典和高雅话语的戏仿。网络剧对于原本高雅精致的经典文学和艺术文本进行仿拟,实质上是对于精英文化的话语规范和价值标准的戏谑和解构。不受精英严肃文化的限制,创造出大众的自由言说,是这类戏仿的重要意义。唐代大诗人李白在其名作《蜀道难》中有云:"蜀道难,难于上青天。"网络剧《名侦探狄仁杰》对这一名句进行仿拟,狄仁杰在求职时感叹:"靠脸吃饭,怎么就这么难呢,难于上青天。"诗化的语言是最具代表性的经典文化的表现形式,此处与"靠脸吃饭"这一不符合社会正统的价值观念的说法放在一起,呈现出一种悖离规范的奇异感,以此来制造喜剧效果。戏仿是对以高雅和经典为代表的精英话语的娱乐性改写,在这一过程中大众也创造出属于自己阶层的文化话语。

(二) 语言的拼贴

网络剧的拼贴不仅体现在情节上,也同样体现在语言上。拼贴这一后现代性的叙事方式,直接通过人物对白,带给受众话语的狂欢,让听者感受巴赫金所描述的狂欢广场上高尚和渺小、美好和丑陋、优雅和粗俗各种语言交织杂糅在一起、不分彼此的生活滋味。拼贴带来更加肆意的欢笑和快感。

网络剧语言的拼贴通过三种形式表达。第一种形式是正统和戏谑的拼贴。正统通常代表严肃、高雅的主流文化,而戏谑是属于市井小民的语言风格,将二者放置在一起,看似奇异的组合却恰恰能带来诙谐的畅快。例如,网络剧《屌丝男士》里的台词"我纯洁的外表下隐藏着冷峻的杀意,这种杀意学名叫做'闷骚'",前半段是富有诗意和艺术性、专业性的表达,后半段就加入"闷骚"这样一个非常不正式、口语化的定义,在反差中增添诙谐。

第二种形式是打破自然时间序列的拼贴。这种语言拼贴不以史实为依据,经常将现代话语应用于古代的交流之中,制造奇异、陌生、荒诞的快乐。在网络剧《万万没想到》中,主角王大锤去相亲,相亲对象容貌姣好,王大锤企图建立美好形象，因此摆出各种证书吸引对方："这是我的算盘运算三级证书、契丹语专业八级证书，还有我的骑马证。"在网络剧《太子妃升职记》中，太子妃感叹太子妃这一职业是天下最不好做的工作："第一，升职前景不好，你见过有几个太子妃能熬到太后的。第二，劳动没有保障，且不说没有'五险一金'，随时可能被辞退，还不允许你再就业。第三，工作性质危险，随时都有死亡的危险。"这都是在用现代话语诠释陌生的历史语境，插科打诨，毫无逻辑，却又有几分相同。

第三种形式是跨语言的拼贴。中文和英文杂糅，并且跨越历史的屏障，在遥远的古代进行跨语言的拼贴，也是增加诙谐效果和狂欢意境的方式。"You can you up, no can no bb!"这本是目前非常流行却略显粗俗的话语，表示"你行你上，不行别瞎说"的意思。如果由古代宫廷中的权贵说出："滚，这一动作难度系数很高啊！You can you up, no can no bb!"（《太子妃升职记》），荒诞感就更加强烈。林冲在《水浒学院》中劝解前来劫狱的人，希望用艺术的魅力感化他们，他说："我可以教你们 B-box。"B-box 作为一种在 21 世纪流行的音乐文化，被移植到宋朝，想象更加自由畅快、无拘无束。

第三节 俯就和颠覆

狂欢世界有着随意和亲昵的交往态度，一切被等级割裂的价值、思想和事物结下盟约并混为一体。崇高和神圣俯下身去，与粗俗和卑微亲近联合。这正如狂欢节上的核心仪式——模拟的加冕和脱冕。加冕仪式体现的不是对于王权的敬畏，而是对其的讥笑和戏谑，表达的是对于变化和交替这一过程的颂扬。在加冕过后，狂欢节开始脱冕的仪式。身份卑微的民众将国王的皇冠摘下，将体面的朝服扯下，将权杖等权力的象征物夺去，并对国王嘲笑、殴打。至高无上的皇冠被授予等级制度中最为卑微的人，如奴隶或小丑。在巴赫金看来，"正是在脱冕仪式中特别鲜明地表现了狂欢式的交替更新精神，表现了蕴涵着创造意义的死亡形象"[27]。

在这种颠覆和更替中，人们象征性地、仪式性地突破等级和地位，体验原本遥不可及的权力和自由，进入狂欢节的乌托邦。巴赫金就此解释："俯就是在狂欢式中，一切被狂欢体以外等级世界观所禁锢、所分割和所抛弃的东西，复又产生接触，又相互结合起来，神圣同粗俗、崇高同卑下、伟大同渺小、明智同愚蠢等接近起来，团结起来，订下婚约，结成一体。"[28]

一、为"伟大的陈规"脱冕

网络剧构建了一个打破一切经典、传统和常规的"翻了个的世界"[29]。经典,不仅具有美学和道德的典范性,也具有文化意义的普遍性和永恒性。经典的普遍性在于表达人类共有的人性、心理和审美。因此,某些作品之所以被建构为经典,主要是因为作品给予的真切体验,表现同文化种属中人的共通情感,这种情感象征归属与认同,因此也容易引起共鸣[30]。在另一个层面,"经典就是'标准'和典范"[31],经典的特征和功能在于制定了何为最好的、一流的思想和言说标准。它成为一种规范和训导,设定典范的标准,并排除不合规的因子。对于经典的颠覆,在网络剧中通过对经典著作、人物、主题、艺术表现形式等方面表达。

(一)经典著作的俯就

经典的著作和人物,结合现实主义和浪漫主义的期许,是对于美好人生的体验和表现,传达人们对于人生理想信念、价值追求、终极意义等方面的向往和追求。生活在特定文化属性中的人群,经过漫长的历史沉淀,不断累积和修订对于宇宙自然、社会人生的经验和解释,并从这些经验中生成理解世界的信念,提炼出关于美和丑、善和恶、是和非的价值评断标准。这些价值标准通过各种形式的经典作品表达并传播,或是文学、绘画,或是音乐、建筑。然而,经典在网络剧中却是另外一番景象。经典走下神龛,融入普通大众的生活,为世俗的人生观和价值观俯下身段。经典传达的意义被消解,传统价值观的权威地位衰落,传统经典中的伦理、取舍遭受质疑。

网络剧对于经典著作进行"再生产"[32],将其改编、改写和仿拟。家喻户晓的经典文本作为被新编的对象,经历改编、重写、仿写、续写、挪用、戏仿、大话等文本和意义生产行为。网络剧创作在这一新编的过程中,文本的生产目的、生产主体、生产方式等都被深深地烙上大众的狂欢精神。

第一,是经典著作的叙事和传达的价值观念在网络剧中的俯就。

当谈及经典名著,最能体现传统文化的中国古典长篇小说——《红楼梦》、《三国演义》、《水浒传》、《西游记》四大名著,是最具代表性的经典作品。许多影视剧都对四大名著进行过改编和翻拍。这四部经典也是网络剧再创作的主要对象。在网络剧改编后的文本中,原著中的意识形态和价值标准被推翻,叙事主线和叙事视角也因此发生改变。

以《西游记》为例,原著讲述的是唐僧、孙悟空、猪八戒、沙和尚师徒四人为普渡世人,一路去往西天取经,经历九九八十一难的神话故事。其中传达的传统思想价值是存善念、修自身、不惧艰难险阻,终能成正果。网络剧《沙僧日记》以《西游记》为脚本,记录沙僧视角的取经故事,将原著中的重要场景进行重写。例如,原著中的"人参果"情节,说的是唐僧四人一路跋涉来到五庄观,观中道童因为受到镇元大仙的嘱托,为唐僧端来两个人参果,唐僧因为心地善良,拒食长得像小童模样的仙果。后来却因徒弟偷盗仙果而受罚。《沙僧日记》则将这一情节改编成师徒四人来到五庄观,遇见酷炫的"风月奇迹道童组合",他们准备的人参果等食物散发恶臭,一开始让唐僧极为不屑。后来在沙僧指引下识得仙果后决定偷果、终被发现的故事。

原著表现的是唐僧的善良和仁爱,恪守佛家戒律,在得知徒弟偷盗的时候极力阻止,并舍生取义代替徒弟受罚。故事教化大众需心存善念、舍己救人,不得贪婪,不得偷盗。改编后的师徒四人都有着芸芸众生都有的欲望。经典不再是榜样和规范,而是在表现所有人的缺陷和寻常心理。

第二,是经典著作的主题和主旨在网络剧中的俯就。

经典著作通过多元的主题形态,承担了关于文化、国家、民族和个体的想象。每一个经典的文本都包含一个特定的主题和主线,通过这些主题的发展建构出一定的社会认知和自我认知,从而形成群体认可的行为规范。每个文本因此也就被赋予特定的社会规范的"刻板印象"。当提及某个文本时,它携带的价值观和人生观也就会自然而然地被联系在一起。在漫长的社会发展中,经典文本都担任温和的规训和教化功能,是精英意识形态的代言人和传播者。网络剧挪用这些文本,并创造出与之截然不同的主题,建构出别样的意义。

上文提及的《水浒学院》、《沙僧日记》等网络剧,都是这样的文本。它们将经典作品的叙事背景作为改编后的网络剧叙事的预设前提,同时改变其中的主题和内容。水泊梁山不再为好汉们提供落草为寇的据点,只是芸芸众生寻找文艺小生活的背景。唐僧师徒也不是要一路艰辛去求经,只是偶尔凑在一起游山玩水的一行人。

另外还有网络剧借用经典文本的名称,完全改写主题。如果说《西游记》、《白蛇传》、《牛郎织女》、《嫦娥奔月》等是大众熟知的经典文本,那么,它们共有的灵感来源《山海经》,就是孕育这些经典的母体。人、神、兽的杂糅形象,夸父逐日、精卫填海的传奇都在这本先秦古籍中有所记载,并以此产生更多的民间神话传说。网络剧《山海经之山河图》以《山海经》为蓝本,置换了叙事时间和空间,将叙事背景设定为现代社会,讲述妖怪管理公司——山河图如何促进人与妖之间的关系平衡、维护和平的故事。《山海经之山河图》对《山海经》的续写，用不设边际的想象，传达自由平等、和平共处的生活追求。主题改变了，蕴含在主题之间对于大众的规训和劝诫也就改变了。

网络剧以经典的文学和影视作品为基础，加以各式改编和挪用，不仅是在将经典拉下崇高、不可妄动的地位，将属于大众的解读植入网络剧文本，从而达到消解主流意识形态的目的。这也是一种传播技巧和手段。经典经过长时间的积累和扩散，已经获得广泛的受众。以经典作为基础进行的网络剧改编，在一开始就设置了一个被广为接受的话题和背景，因此就省去文本扩散初期诸多话题背景建构的环节。对于经典的熟悉感，可以让受众迅速进入情境、投入文本。从这个角度来看，经典不仅是网络剧的素材来源，也充当了为网络剧预先构建情境的重要角色。这就如同狂欢节广场上原有的身份设定已经在"第一种生活"中存在和被接受，国王和王后的角色已经拟定。这才是脱冕和加冕的基础，如果没有原有的规范和标准，就不存在俯就和颠覆。只有权力被赋予或剥夺后，才有角色的转换和变更；只有在关于对与错的传统和规范被限定后，才能产生对可为和不可为的重新定义和改写；只有对于美与丑的标准建构完成后，才能对于固化的审美传统进行挑战和新建。网络剧正是在进行这样一种颠覆和重建。

（二）英雄和典范的重构

卡莱尔在其《英雄与英雄崇拜》一书中提出，"英雄就是伟人"，并将英雄"分为六种类型，分别是：神明英雄、先知英雄、诗人英雄、教士英雄、文人英雄以及帝王英雄"[33]，正如北欧神话中的至高神奥丁、欧洲文艺复兴的开拓者但丁、伟大的作家莎士比亚、宗教改革的领袖马丁·路德、缔造法兰西第一帝国的军事家拿破仑等。这些英雄是"人类的领袖，是传奇人物，是芸芸众生踵武前贤、竭力仿效的典范和楷模"[34]。罗曼·罗兰则认为"不仅是这些在政治和军事方面改变人类社会的领导者才算是英雄，固然孙逸仙、列宁、甘地是英雄，而贝多芬、托尔斯泰等文化和艺术的巨人也是英雄，因为这些形象蕴含着崇高的社会意义和深刻的人文观念"[35]。

可见英雄的形象不仅代表领袖和伟人，对于这一类人，普通人群只能高山仰止、望其项背，必须奉为神明、不可亵渎。普通大众能做的只是驯服的跟随。另一类英雄则是在社会的文化生活中，是所有人的榜样，文化应以他们为标尺和标准。无论哪种定义，英雄都是大众的典范和楷模。

英雄的形象常常被编码在经典的文本中广为认知和流传。作为影视剧的脚本源头,经典的叙事文本,通过塑造充满想象的故事情节、鲜明的人物形象,来表现现实和模拟想象。经典文本演绎的是人类的深层文化精神,其中的经典人物则是文化共性和民族共性的思想观念的凝聚。风云际会的英雄人物,正如壮士荆轲、武神赵子龙、丹心一片文天祥,他们不仅是历史上的英雄,也是社会意识形态构建的英雄。他们的形象承担表达主流价值观念的任务,如忠君爱国、宁为玉碎不为瓦全、舍生取义等,都是被社会定义为崇高的人格品质。

许多英雄经过网络剧的重构后,人物代表的符码意义发生重要改变。网络剧中的英雄符码已经从庄严与崇高、典范与楷模走向了颠覆与解构、俯就与反叛。英雄人物原本传达的社会规范和伦理意识正在被消解,取而代之的是如普通人一样的日常人性,失去"神"和领袖的光环。不仅如此,将这些英雄重新编码后,会让人产生英雄不如凡人的猜测,从而动摇英雄讲述的价值和意义。

例如,《三国演义》中建构了诸多英雄人物,刘备、关羽、张飞就是其中的典型代表,而被曹操称为"真天神也"的关羽最受推崇。关羽因其忠厚仁爱、义薄云天,在儒家文化中被称为"武圣",与"文圣"孔子齐名。此外,关羽还是佛教的伽蓝菩萨、道教的"三界伏魔大帝"、佛教和道教的护法大神,也是诸多行业的保护神和祖师爷,被民间尊为"关公"。没有其他英雄人物像关羽一样被普遍接受。网络剧《万万没想到》里关公形象经过重构后,外表虽然保留经典的关公形象——汉寿亭侯深绿官服、青龙偃月刀,但他却是一个迷信"神医"、最后命丧神医之手的倒霉蛋。《万万没想到》重写了关羽刮骨疗毒的经典桥段,神医不是华佗,而是庸医王大锤。关羽身中数箭,形似刺猬,来找王大锤诊治。王大锤拿钉子、锯子、电焊刮骨,并询问是否感到疼痛。关羽每次都否认,引得王大锤颇为垂涎迷恋。最终,关羽手臂被锯,喷血而亡,王大锤感叹"将军居然主动去世了"。在被重新构建的网络剧中,原来的英雄变为不辨真伪的庸人,虽保留隐忍的毅力,终究却被处在社会最底层的江湖游医取走性命。在混乱、癫狂的世界,英雄向平民俯就,却并未得其所。英雄教化世人的价值体系和标准,也在这一过程中被质疑。英雄不再是英雄,典范也不再是典范。一切都在重现、构建的过程中。

二、为"自由的小民"加冕

(一)权杖移交:车祸、法宝、秘籍

在狂欢节,人们将原本的身份暂时隐藏在夸张的面具和服饰背后,假扮地位和命运的彻底改写,想象拥有自由和权利之后的欢愉。实现这一过程非常重要的仪式就是"加冕"。最底层民众享受象征至高无上权利的王冕光环,化身一切规则和价值的制定者,不再是无名的跟随者和服从者。而王冕就是实现这一转化的关键。

王冕,移植到网络剧中,成为"法宝"。法宝的形式多种多样,可以是无形的,也可以是实体的;可以是一句咒语,也可以是一场经历;可以是一个人物,也可以是一本秘籍。各种各样的形式和变体,只要可以迅速创造自由洒脱的第二种生活的因素,就都是法宝,同时都是狂欢节上王冕的象征。法宝创造了许多网络剧中的英雄和伟人,这些人物与传统或经典文本中的人物有所差异,网络剧中的他们更加肆意自由,遵循最本真的价值和标准,不受传统或者体制的约束,兼具浪漫主义和现实主义的色彩。他们大多是从下层阶级涌现的英雄,大多都没有先天的优良遗传,并且大多都在无能为力的境遇中挣扎和徘徊。但是,正是这样一种有着诸多瑕疵的形象,成为网络剧中一种新的伟大和典范。加冕是平凡小民的仪式,使他们摆脱被压制的生活,成为主宰自由的王者。

例如,网络剧《假如我有超能力》的男主角"飞机"本是一事无成的小白领,在生活中屡屡受挫,在愚人节这天更是备受打击。但他意外得到一本《超能力秘籍》,并由这本秘籍掌握超能力。拥有超能力的他一开始就回击了总是欺压他的上级,并结交了仰慕已久的女性角色,此外更是同张作霖这些大人物一起对抗邪恶势力,保护国家财产。因为有了法宝,"飞机"从一个默默无闻、唯唯诺诺的小人物,变身成主宰民族、国家甚至人类命运的英雄。与狂欢节上王冕具有暂时性一样,超能力不是永恒持久的,超能力也有时效性和致命副作用。"飞机"在救赎世人的过程中,无法避免被命运捉弄,只能携带原本的小毛病,不断自我救赎。

《屏里狐》的主角是落魄的画师郑雪景,他大雨夜被房东追债,在酒馆买醉却意外得到法宝御仙笔,从此影响了官场、皇宫发生的诸多重要事件。而《唐朝好男人》的主角是生计窘迫、刚被女友抛弃的小职员王子豪,他在路边摊烧烤时被一辆大卡车撞死,穿越到唐朝,从此身份显贵、主宰命运。

(二)加冕仪式:换装和易位

在巴赫金的狂欢理论中,换装和易位也具有重要的意义。它是进入狂欢的准备,在摆脱了受等级束缚的衣着打扮后,才能扮演那些狂欢式自由不羁的人物,进入狂欢节的情境。换装和易位,如同加冕和脱冕,象征颠覆和更替[36]。

国王变成小丑,乞丐变成王后,权利更迭新生,角色彼此替换。

网络剧打乱传统和现有经典文本巧妙设置的话语秩序,并对这种话语秩序背后隐含的价值、道德、文化规范进行改造和颠覆。网络剧从不毕恭毕敬地对待经典,经典不是高高在上的文本。如费斯克所言,经典只是一种可以被偷袭和盗取的文化资源。经典的作用在于可以被借用和重写,变幻不同的样子,表达不同的情绪和主旨。在原本的基本原则和范式缺席的情况下,网络剧转向新的文本创造,通过具有不确定性、多义性(抑或多重性)的文本,表达规则的更替和规则制定者的更替。这类文本"渴望明晰,消解神秘化的明晰、缺席的纯洁光亮"[37]。变化的文本内容,结合荒诞离奇、非理性、支离破碎以及卑琐的情境,对于既有等级的影射和讽刺就愈加明显。

不仅经典文本的叙事在网络剧中被改写,许多经典角色、人物也调换位置、颠倒过来。好人和坏人、主角和配角,都调了个个儿。正如狂欢节上的换装,每个角色保有原来的名字,却已经有了截然不同的身份。特别是那些原本被忽略、被批判、被指责、被惩罚的角色,在网络剧中找到了自己的王冕和新衣。

例如,童话《灰姑娘的故事》广泛流传、深入人心,其中灰姑娘美丽善良的形象,以及两个姐姐嫉妒、狠毒、愚蠢的形象,也随之被固化和类型化。柔弱的灰姑娘总是被邪恶的姐姐们嘲笑和欺辱,因为得到仙女的帮助,灰姑娘才冲破姐姐们的阻挠,和王子快乐地生活在一起。灰姑娘和姐姐们,是善良和邪恶、美丽和丑陋、孝顺和忤逆、勤劳和懒惰的形象对比。虽然历经改编和翻拍,但是灰姑娘和姐姐们代表的价值规范,都在各种文本中呈现出同样的二元对立,对她们的一褒一扬,都在传达社会的规范和价值取舍。网络剧《配角逆袭事务所》改写了《灰姑娘的故事》,灰姑娘和姐姐们发生易位和颠倒。灰姑娘成为一个自以为是、爱慕虚荣的人。她坚信自己有着倾国倾城的容貌,总是觉得姐姐们都嫉妒她。而她的仙女教母一心想要攀附皇家势力,一心想要灰姑娘嫁给王子,并为她提供了最璀璨的服饰和马车。灰姑娘的两位姐姐其实是善良、美丽的女孩,却总是被灰姑娘和仙女捉弄,不仅没有接近王子,还在王子和灰姑娘结婚后,被仙女召唤鸟儿啄瞎双眼,饿死在肮脏的杂物间。网络剧讲述了两位姐姐的复仇,改写了原本由灰姑娘这个"胜利者书写的历史",还原了故事中的事实。弱者不是真正的弱者,美丽和善良是带着面具的残忍,被羞辱和迫害的人在故事中也是被剥夺话语权的一方。只有通过角色的易位和调换,才能实现弱者的狂欢。

第四节　粗鄙的降格

如果前文所述的加冕和脱冕仪式蕴含深刻的狂欢式范畴,体现狂欢式世界的行为逻辑:奴隶与国王随意而亲昵的接触体现狂欢式的俯就。那么,对于象征等级社会中最高权力的王冕的玩弄,正是狂欢式的另一个范畴,即粗鄙的、充满粗俗化的降格[38]。

巴赫金指出,"粗鄙,是狂欢式的冒渎不敬,一整套降低格调、转向平实的做法,与世人和人体生殖能力相关联的不洁秽语,对神圣文字和箴言的模拟讽刺等"[39]。狂欢式的污言秽语与动作对神圣文字的戏仿、嘲弄,是对等级化、秩序化的权力话语的挑战和颠覆,也是对现实世界中精英主义的消解。粗俗的反讽和搞笑,展示了狂欢式的节庆气氛中各种形象的真实面貌。值得注意的是,看似充满降格的荒诞言行中,蕴含着创造的无畏思想,原本自然存在的规范和限制不复存在。

按照巴赫金的诠释,粗鄙有着"一整套"降低格调、转向世俗的做法。例如,通过戏仿的途径和方式,使用粗俗的语言和动作,冒犯固化的意识形态的象征物,颠覆原有的等级规则,等等。狂欢式的网络剧将这一系列粗俗化的降格体现在文本当中,并且通过更加多元的层面和角度体现粗鄙。除了前文讨论的戏仿和模拟、经典文本和人物的俯就和颠覆,还包括粗鄙的语言、粗俗的角色、粗糙的生产艺术等。

一、粗鄙的语言:通俗与野性

粗鄙的语言,是社会交往中使用的粗俗鄙陋的语言。它同既定的社会规范相悖,不符合社会生活中礼貌的原则。在网络剧文本中,可以将粗鄙的语言分为两种:一种是口语化、生活化的通俗用语,指"充满粗鲁、鄙陋、木拙、野性的语言"[40],同书面语和官方话语相对,粗犷不细致,充满日常生活的随意;另一种是污言秽语,这种言语粗野露骨,充斥脏话、粗话、丑话,含有大量关于性与排泄的描述和隐喻。

(一)通俗用语

著名的瑞士语言学家索绪尔认为,语言是具有社会性的惯例和规范,语言在事实上的传播,除了具有交往性,即更大范围地实现人际交流和沟通之外,还有另一个非常重要的性质,就是语言的"乡土力量",即本土性。本土性促使每一种不同语言的使用者形成共同体,并通过语言的不断使用来延续和坚守传统[41]。也就是说,语言一方面促进同一语言社会的共识,另一方面排斥来自其他语言的竞争。法兰克福学派的重要代表哈贝马斯在关于交往行为理论的讨论中认为,语言是构建"生活世界"的基础,语言中积淀了社会共同体的行为规范和整体期待。而语言形成的生活世界,势必会受到"制度"的影响,包括政治、经济、法律制度等[42]。影视剧文本中使用的语言主要可分为两大类:通俗用语和官方用语。大众在日常生活中使用的语言体系,与官方用语相比,被认为是粗浅、不合语法、不适宜正式场合、不严肃的文本。官方用语,因为其完整性、正式性和系统性,不仅是书面文本的首选,也对影视剧文本产生重要影响。许多以日常生活为主题的影视文本,大量使用朗诵式的正式语,树立英雄模范、颂扬伟大精神、呼唤道德理想,却脱离大众生活话语的实际。

网络剧使用的语言,多是源自世俗生活的话语,打破僵化的正式话语体系,使语言的表达更加贴近人物本体,以真实的形式和独特的表现手法,呈现有别于被精细化和推敲打磨的官方语言。因为正是这种通俗性的语言,才能真实表达大众的思想和情绪,以及蕴含在语言当中的文化内涵。

在网络剧中大量使用方言。广东广西、湖南湖北、东北山东,各地的方言在网络剧中杂陈。此外,带着各地浓重口音的普通话,上海腔、四川腔也比比皆是。这些方言不仅表现人物个性,也表现未被加工的原初生活。《屌丝男士》里的大鹏,时不时就会将其东北方言拿来,同洗脚店的服务员砍价,跟相亲对象吹牛,向凶悍的大哥求饶。同样,馒头店里的山东老板、哼着淮阳小调的风水大师、满口长沙话的盗墓家族等,都在将用方言构建的原初生活呈现在网络剧中。与字正腔圆的普通话相比,这些方言被认为不登大雅之堂,不能传达标准规范的意义,也不利于塑造整齐划一的社会形象。但正是这些方言包含最直接的生活感受、文化价值,它们来自原初生活和底层生活,未经官方话语的过多改变,保留未被教化和规范后的生活诉求,因此才能将大众原始、真朴的生活贴切地传达出来。

俚语,不管是诞生于现实生活,还是发源于网络世界,几乎在每一部网络剧中都未曾缺席。俚语是非官方、口语化的语句和表达,通常通俗易懂,带有强烈的生活化,来源于大众的日常生活,大多是大众创造的表达,并由大众赋予意义。语言学家和社会科学家都认为俚语能表达和反映大众文化。网络剧中的俚语可长可短,有时是词组,有时是长句;可以是中文也可以是英文;或是成语的变体,或是某个网络剧场景的总结。正如 hold 住、草根、备胎、八卦、腹黑、高冷、坑爹、抱大腿、捡肥皂等词组，又如"No zuo no die（不作死就不会死）"、"Day day up（天天向上）"和"You can you up（你行你上）"等，亦如"想想还有点小激动呢"这类戏谑的句式。

> 王大锤：我叫王大锤。万万没想到，我最终还是得到了工作。这一定是对我的终极考验。不用多久，我就会升职加薪、当上总经理、出任CEO、迎娶白富美、走上人生巅峰，想想还有点小激动呢[43]。
>
> 《万万没想到》

"想想还有点小激动呢"是被生活边缘化的男主角在美好幻想中常常用到的表达，但当他回归到现实中时，情况一定会大相径庭。这类看似荒诞可笑的俚语，表达的正是对于"另一种生活"的向往和期许。

通俗的语言来源于世俗的世界，由大众在生活中建构表达符号和文化意义。正是这种粗鄙的话语，表达一种原始的、未经规训的质朴文化形态，使网络剧文本更加肆意、真实、生动和充满活力。

（二）不洁秽语

在巴赫金看来，狂欢式的粗鄙语言还包含在同生殖能力和排泄行为相关联的"不洁秽语"中。在这些污言秽语中，不仅有露骨的性描写，也有隐晦的双关暗示；不仅有下流的笑闻轶事，也有故作正经的生理讨论；有来自高雅描述的戏仿取笑，也有大众创作的猥亵故事，淫秽和猥亵的表达和暗指随处可见。通过把被高雅文化排斥在外的趣事、言语、行为构建新的联系，产生新的表述，并以此打破固化的价值等级。这正是一种重新组织世界图景的方式，并"使这幅图景物质化并凝聚起来"，私人化的、不可言传的日常生活形象，也从根本上改观了这样的世界图景，"人实现了外在化，并完全彻底地被言传出来，表现出生活的全貌"[44]。性猥亵和排泄，是世俗生活中最为日常和粗鄙、不便与人分享的个人事务，但正是因此，它们也是在每个人的物质生活中不可或缺的必然组成，它们让等级和地位存在各式差异的人回归到物质肉体层面，在这些问题上变得平等。

首先，是性相关的猥亵语言。性猥亵在网络剧中有各种表达，关于性能力的崇拜、生殖、器官、婚姻、血缘等，几乎每部网络剧都有大量这类语言，如"你妹"、"装逼犯"、"关你毛事"、"草泥马"、"特么的"、"撕逼"、"蛋疼"、"小婊砸"、"逗比"等，都是网络剧中出现频率非常高的粗鄙词汇。在网络剧《名侦探狄仁杰》中，狄仁杰和白元芳被人骂道："两块钱你买不了吃亏，两块钱你买不了上当,两块钱你啥都买不起！你就是个穷哈！穷逼！穷B!"这些话语同性有着密切的联系,特别是借用器官的谐音或者同音字,表现咒骂或暧昧。其中许多表达在网络剧和实际生活中不断呈现,文本间性使彼此互证合法性和合理性,使用的范围就更加大。原本字面上的不雅意味也逐渐被淡化和修改。这类粗鄙的语言不仅借助底层的市井人群来表达,包括权贵阶层或者中等阶层在内的网络剧人物,也都使用同样猥亵暧昧的话语。年轻人之间互称"二逼"、自称"屌丝",已经成为网络剧中最司空见惯的身份和性格符号。此外,许多网络剧中关于"胸"的聚焦非常多。美丽的女性角色在首次出场时,镜头往往集中在其胸部位置。关于胸的各种玩笑趣事,更是大量出现。即便是以单纯的校园爱情为主题,也不免如此。青春偶像剧《亲爱的公主病》,女主角在第一、二、三集中,都有被男主角巧合接触胸部的场景,游泳池救援、不小心摔倒,都会被刻意造成这一结果,引发暧昧、猥亵的情绪。在《屌丝男士》中,男主角大鹏因偷看酒吧的妖艳女子被扇耳光,后来女子看过大鹏妻子的照片后,非常同情他,主动"献胸"拯救大鹏,允许其近距离审视,并掏出手机进行各个角度的拍摄。在传统和正规文化规范中,与器官相连的表达性意味的词语描述,都是不合礼仪、失范的表达。

其次,是排泄相关的猥亵语言。排泄是污秽的表现,在排泄物面前,无论是多么崇高和伟大的人物形象都会被降格和贬低。同时,这是一个将所有身份等级的人物质化和肉体化的过程。在意识形态的范畴,关于排泄的语言表达,用粗俗不堪的秽物应对权威和严肃,将一切价值同质化,以此来解构压迫。世俗的网络剧就是将吃喝拉撒的过程交织起来的文本,而排泄就是要"打破原来等级,使世界和生活的图景物质化"[45]。在《若是如此》中,特别制造了"若是随地大小便"的场景,急等洗手间的女主角,车在野外抛锚,被迫"到边上解决一下",却先后被经过的电视台取景车、骑行的年轻人、央视记者拍到全过程。其中的无奈和尴尬,带着暧昧的诙谐因素。在《太子妃升职记》中,使用排泄来戏仿被视为正式语言的成语"奋发图强","我低头,开始粪发……一个时辰后,粪发了……结果……没涂上墙……"在《屌丝男士》中,一对恋人无法忍受短暂的分别,互诉衷肠:"我真的是一分钟见不到你,我就好想好想你","我真的是好想好想、好想好想马上就见到你",如此几个回合之后,男士说:"你能不能消停点,让我拉个屎。"纯粹甜蜜的场景,顷刻间转换成粗俗和鄙陋。

正如狂欢节具有深刻的两面性一样,"笑"不仅是愉悦也是讽刺,"脱冕"和

"加冕"不仅是摧毁也是重建,性猥亵和排泄也有着积极的一面。这种粗鄙的言语,"把传统上联结一起的东西分割开来,使不同等级、相距甚远的东西相互接近,并且逐步实现世界的物质化"[46]。违背了长久以来历史积淀的雅正言说,突破了宜礼宜理的要求和限制。原本在精英文化、传统文化中备受批判、禁忌与摈弃的语言,可以在网络剧文本中自由不拘地使用和表达。因而达到所有人在物质层面的统一和平等,不受社会等级规制和限定,在网络剧的情景中众人狂欢。

二、粗俗的角色:骗子、小丑和傻瓜

(一) 边缘化的旁观者

骗子、小丑和傻瓜这三类看似粗俗和鄙陋的人物,被认为在反映世俗生活的文本中具有重要意义。他们是这个世界的旁观者、外人[47],因此具有独特的权利。他们生活在社会的边缘,并在自己周围创造了特殊的世界。他们不与这个世界上任何一种类型的人生状态有联系,不管哪种人生状态都无法令他们满意,因为独特的视角和权利让他们看到每种人生状态的反面和虚伪。可以说他们作为一种揭露力量存在于社会之中,一直在进行反对等级制度和恶劣常规的斗争、反对人与人交往中虚伪和谎言的斗争。

影响人们生活的种种恶劣规矩,使虚伪和谎言浸透一切交往关系。因为得不到主流意识形态的尊重和接受,人们本质上的自然的生活方式就无法实现,只有通过隐瞒或者野蛮的方法才能实现。因此,生活就拥有真实和虚假两张"面孔"。由社会规范框定的现实生活成为伪善、虚假的形式,骗子、小丑和傻瓜这些粗鄙的人物,用诡计骗术、模仿取笑、淳朴无辜来消除这些虚伪。

骗子有着狡黠的智慧,对于一切日复一日的程式化劳动没有任何兴趣。他们包括游手好闲的年轻人、街头的流浪汉、城市里待业的小帮工等。对于弥天大谎和谋杀欺诈,骗子会用小伎俩和风趣保全自己、追寻真相。傻瓜,滑稽天真而又无辜。他们胸无宿物,待人接物坦率真诚,没有难于揣测的深远用心,总是流露淳朴的本性。任何不熟谙社会交往陈规的人,在一定情境中都代表傻瓜的形象。傻瓜最擅长以忠厚的不解,对付假装伪善和矫揉造作。小丑和骗子一样,深知社会生活中的规则。他们通过带上面具,大胆地模拟一切可笑的伪善家,揭露其自私的本性,讽刺其利己主义的算计和面目。小丑自身并非丑陋和粗俗,他们扮演的人物和反讽的对象才是粗俗的。

(二) 怪诞的身体和面孔

骗子、小丑和傻瓜通常都有怪诞、不合规矩的身体和外表。巴赫金曾悲观地感叹，怪诞的人体观念带有旧日狂欢节上的那种自由不羁的精神和朦胧的狂放记忆，但自从17世纪理性主义上升到社会思潮的统治地位，以及与之相伴的新古典主义的社会等级制度不断确立和固化，这种怪诞现实主义的理念逐渐式微，最终只能以滑稽、讽刺、寓言这类的"低级"形式出现在小说和杂剧等大众舞台上[48]。现在看来，网络剧恰恰对这一类人物形象进行了大量描绘和展示。

《毛骗》的主角是由赵宁、冬冬、安宁、黎伟、邵庄组成的骗子队伍，他们混迹在生活的边缘，观察社会上各式各样的谎言和欺骗，有着自己行骗的原则、纪律、职业操守。他们行骗绝不仅仅是为了钱，而是为了社会的正义和原则。他们的对手有以骗保险金为生的骗子、贪图钱财的谋杀者、收受贿赂的管理者等。每次他们都会精心分析目标的性格和心理，或是贪婪、或是好色、或是残忍、或是自私，并根据这些制定详细的引诱计划。他们是社会的一面镜子，反射出社会的另一层面。

网络剧里的傻瓜，不解社会的规则，到处碰壁；不顾交往的礼仪，总是将真话脱口而出，惹人憎恨；不服压抑的陈规旧俗，屡屡受挫。《乱入乾坤》就呈现了一个单纯相信梦想、不断尝试的无业青年。32岁的帅坤淳朴善良，进入职场后遭遇了难以相处的同事、刁钻算计的客户、尔虞我诈的黑幕，但他坚持原则、爱憎分明，不断和一切不合理的社会现象对抗，最后失业。《废柴兄弟》里默默无闻的奋斗者许之一、张晓蛟，《曾经想火》里努力实现往日荣光的过气模特欣欣，《楞头楞脑》里执着善良、为梦想来到城市的农村青年岳光、小丽和小武，都是这类挑战社会不合理规范的傻瓜类型。

小丑在戏谑模仿当中还原社会的真实。小丑的形象通常都很夸张，将生活中可憎可气的人物特征放大，看起来怪诞奇异，却具有现实主义色彩。《屌丝男士》中一位气急败坏的食客，与菜肴里的鱼和肉吵得面红耳赤，声称"不差钱，已经付过钱了"，这些会说话的菜怎么有哪么多问题，那条清蒸鱼对他说"有钱你就牛啊？有钱你整容去啊"。这条会说话的鱼，嘲笑的不仅是食客的面貌，更是在讽刺他所代表的财富决定等级的社会意义。

作为聪明的愚人，骗子、小丑和傻瓜用自己怪诞的身体和面孔，展示人们狂欢式的身体和面孔，代表人们去嘲讽那些权威、规矩以及一切束缚人的传统成规和既定常识[49]。

三、粗糙的生产艺术：权且用之

传统意义上对于影视文本的评价标准，包含深刻的意蕴、精良的制作、动情的演绎、紧密的对白等。对比这些标准，网络剧的生产和制作，在诸多方面被认为是粗糙和良莠不齐的。段子式的叙事模式、粗陋不堪的布景、玩世不恭的表演、看似毫无逻辑的台词等，都是网络剧生产中备受诟病的因素。这或许与网络剧生产的实际经验积累不足、成本受限有关，但必须看到，即使破除这两种限制，起源于互联网的网络剧依然会继续保持它与传统标准相悖的种种特质，即便这种特质被定义为"粗制滥造"。

（一）割裂的叙事

网络剧叙事割裂了传统叙事的模式。传统影视讲究完整的结构，每一个部分各司其职、起承转合、互相配合，共同讲述一个逻辑严密、情绪合理的故事。麦基称一个完美的叙事"有如一部交响乐，其间结构、背景、人物、类型和思想融合为一个天衣无缝的统一体"[50]。叙事的完整性和连贯性，一直是传统戏剧创作遵循的规则。任何有悖这些规则的文本，在正式的情境中都是粗鄙的艺术创作。而网络剧恰恰切割了这种完整性和结构性，消解了传统的叙事艺术标准。自产生以来，网络剧就相当多地采用"段子"的形式进行叙事，故事背景以及人物的角色和性格都在天马行空地不断变化，没有明确的主线和宗旨，荒诞不羁，随意玩笑。包括"报告老板"系列、"学姐知道"系列、"屌丝留学记"系列、《大侠黄飞鸿》、《百变五侠之我是大明星》、《如果没有》等在内的网络剧，都属于这种片段式的叙事类型。这些文本的叙事无所谓何时开始、何时结束，情节不需要前后联系，人物疯疯癫癫，对白颠三倒四，故事发展也常常不着边际、出人意料。

（二）粗糙的制作

粗糙制作最为直观地体现在布景和特效方面。布景是影视文本的情境，在视觉形象中构成除人物之外的外部景物环境。布景是网络剧在生产过程中必不可少的重要环节，需要精心设计和构思。布景借助日月星辰、山川河流，结合灯光、服装、化妆、道具等实物，共同塑造一个拟态环境，实现文本的完整性，诠释其意义内涵。特效是非实物类的文本情境。无论是视觉特效，还是声音特效，都是通过人工建构完成的幻觉和假象。但是，对于特效的评价标准，却是越逼真越能引人入胜。网络剧低劣的布景和特效，屡受影视评论家攻讦。从2009年的《嘻哈四重奏》开始，到2015年的《盗墓笔记》，粗糙潦草的布景和虚假感强烈的特效制作,都是网络剧在文本表现形式方面的重要特征。以《盗墓笔记》为例,总成本6 000万元,制作12集,每集成本500万元,在目前阶段仍属于高成本的网络剧。虚拟的叙事情境中有千奇百怪的地下世界和不明生物,都需要借助布景和特效的辅助才能呈现。即便是以高投入的制作,也没有完成想象情境的现实化,被观看者戏称为"五毛特效"。值得注意的是,粗陋的制作带来另一个层面的效果。观看者逐渐接受这种粗劣的场景,开始以嘲讽、调侃的态度应对。即便这种建构后的情境,从传统影视文本艺术和审美的角度来看是粗鄙、拙劣的。因此,原有的审美标准不再适用于网络剧。

(三) 混乱的形式

网络剧的制式不一、标准未定。

第一个方面,我国电视剧自1958年《一口菜饼子》开端以来,已经历经60多年的发展,在制式内容等方面都形成了稳定的标准和形式。在电视台播放的电视剧,延续了胶片艺术的长度设置传统,每集45分钟。叙事节奏、制作发行也都以此为标准进行,少有越矩者。网络剧除了在内容方面呈现出千姿百态之外,在形式上也是多种多样,没有统一的标准。段子式、脱口秀式、情景剧式等各种形式的网络剧都有。每集长度也各不相同,有平均6分钟一集的《曾经想火》《我最闪耀》;有二十几分钟一集的《女人的秘密》《别那么骄傲》;也有60分钟一集的《灰姑娘与四骑士》。此外,即便是同一部网络剧,每集长度也会存在少则三、五分钟,多则十几、二十几分钟的差异,且变化随意、毫无规律。

第二个方面,网络剧中含有大量打断文本连续性的广告。广告主要包括两种:一种是视频网站或者终端应用在剧集开始前或者在剧集播放中插播的广告;另一种是在剧集内容中硬性植入的广告。受众被作为商品销售给广告商的情况,在网络剧中更为明显,而且更为随意。

因为与传统的影视文本审美标准不相契合,网络剧在文本生产的许多方面都显得粗陋劣鄙。但是必须看到,网络剧的一切都在不断建构和革新的过程中,甚至有许多可被称为先锋性、实验性的艺术手法在网络剧中得到尝试。旧的标准不再适用,新的标准正在构建,这正是巴赫金所说的狂欢节的双重性,死亡紧接着新生、颠覆与重建相连、过去与未来碰撞。

网络剧是对主流叙事的戏仿,是对伦理和规则的滑稽模仿与嘲笑。它释放了大众冒犯式的快感,并使人们发出由衷的欢笑。网络剧内容的凡俗化更是满足了人们的精神迷思,使得观众的欲望得到感官上的满足。费斯克指出:

"在社会法律中被奉为神圣的'自然的'正义被倒置,应该获胜者和正义的一方却输多赢少。恰恰是那些邪恶者和不公正的一方却每每能够在极具戏剧化冲突的反转式的电视节目里赢得了胜利。"[51]

本章参考文献

[1] 胡春阳.网络:自由及其想象——以巴赫金狂欢理论为视角.复旦学报(社会科学版),2006,1:115-121.

[2] [俄]巴赫金.李兆林,夏忠宪等译.巴赫金全集(第六卷).石家庄:河北教育出版社,1998,321.

[3] [俄]巴赫金.李兆林,夏忠宪等译.巴赫金全集(第六卷).石家庄:河北教育出版社,1998,295.

[4] [俄]巴赫金.白春仁,顾亚铃译.巴赫金全集(第五卷).石家庄:河北教育出版社,1998,176-178.

[5] [俄]巴赫金.李兆林,夏忠宪等译.巴赫金全集(第六卷).石家庄:河北教育出版社,1998,8.

[6] [俄]巴赫金.白春仁,顾亚铃译.巴赫金全集(第五卷).石家庄:河北教育出版社,1998,162.

[7] Holliday, A., Hyde, M., Kullman, J.. *Intercultural Communication: an Advanced Resource Book for Students*(2nd ed.). London & New York: Routledge, 2004, 79.

[8] Cavallaro, D.. *Critical and Cultural Theory: thematic Variations*. London and New Brunswick, NJ: The Athlone Press, 2001, 156.

[9] 张剑.西方文论关键词他者.外国文学,2011,1:118-127.

[10] 雷蒙·威廉斯.高晓玲译.文化与社会(1780—1950).长春:吉林出版集团,2011,398.

[11] [俄]巴赫金.白春仁,顾亚铃译.巴赫金全集(第五卷).石家庄:河北教育出版社,1998,161.

[12] 黄玉顺.绝地天通——天地人神的原始本真关系的蜕变.哲学动态,2005,5:8-11.

[13] 李志明,王春英.传播学视角下的网络剧特征探析.中国广播电视学刊,2011,11:53-54.

[14] 曾一果.批判理论、文化工业与媒体发展——从法兰克福学派到今日批判理论.新闻与传播研究,2016,1:26-40,126.

[15] [德]马克斯·霍克海默.独裁主义国家.法兰克福学派论著选辑(上卷).北京:商务印书馆,1998,99.

[16] [美]约翰·费斯克.王晓珏,宋伟杰译.理解大众文化.北京:中央编译出版社,2001,106.

[17] 约翰·费斯克.英国文化研究与电视.罗波特·艾伦.牟岭译.重组话语频道:电视与当代批评理论.北京:北京大学出版社,2008,264.

[18] Amanda D. Lotz. *The Television Will Be Revoluntionized*. New York：New York University Press，2007，69-71.

[19] [加]马歇尔·麦克罗汉.何道宽译.理解媒介——论人的延伸.北京:商务印书馆,2000,382.

[20] [俄]巴赫金.李兆林,夏忠宪等译.巴赫金全集(第六卷).石家庄:河北教育出版社,1998,6.

[21] 夏忠宪.巴赫金狂欢化诗学研究.北京:北京师范大学出版社,2000,70.

[22] [俄]巴赫金.李兆林,夏忠宪等译.巴赫金全集(第六卷).石家庄:河北教育出版社,1998,184.

[23] 申丹.西方叙事学:经典与后经典.北京:北京大学出版社,2010,14.

[24] [美]史蒂夫·尼尔,弗兰克·克鲁特尼克.徐建生译.喜剧的定义、类型和形式.王志敏,陈晓云.理论与批评:电影的类型研究.北京:中国电影出版社,2007,100.

[25] 闫广林.历史与形式:西方学术语境中的喜剧、幽默和玩笑.上海:上海社会科学院出版社,2005,49.

[26] [苏]普罗普.杜书瀛等译.滑稽与笑的问题.沈阳:辽宁教育出版社,1998,103.

[27] [俄]巴赫金.白春仁,顾亚铃译.巴赫金全集(第五卷).石家庄:河北教育出版社,1998,164.

[28] [俄]巴赫金.白春仁,顾亚铃译.巴赫金全集(第五卷).石家庄:河北教育出版社,1998,164.

[29] [俄]巴赫金.白春仁,顾亚铃译.巴赫金全集(第五卷).石家庄:河北教育出版社,1998,167.

[30] 童庆炳.文学经典建构诸因素及其关系.北京大学学报(哲学社会科学版),2005,5:71-78.

[31] 阎景娟.试论文学经典的永恒性.童庆炳,陶东风.文学经典的建构、解构和重构.北京:北京大学出版社,2007,49.

[32] 杨春忠.本事迁移理论视界中的经典再生产.中国比较文学,2006,1:35-47.

[33] [英]托马斯·卡莱尔.何欣译.英雄与英雄崇拜.沈阳:辽宁教育出版社,1998.

[34] [英]托马斯·卡莱尔.张峰,吕故译.英雄和英雄崇拜——卡莱尔演讲集.上海:上海三联出版社,1988,1-2.

[35] [法]罗曼·罗兰.巨人三传.傅雷译.托尔斯泰传.安徽:安徽文艺出版社,1989,275.

[36] [俄]巴赫金.白春仁,顾亚铃译.巴赫金全集(第五卷).石家庄:河北教育出版社,1998,171.

[37] Ihab Hassan. *The Postmodern Turn: Essays in Postmodern Theory and Culture*. Columbus: The Ohio State University Press, 1987, 125.

[38] [俄]巴赫金.白春仁,顾亚铃译.巴赫金全集(第五卷).石家庄:河北教育出版社,1998, 164-165.

[39] [俄]巴赫金.白春仁,顾亚铃译.巴赫金全集(第五卷).石家庄:河北教育出版社, 1998,162.

[40] 蒋原伦.粗鄙——当代小说创作中的一种文化现象.读书,1986,10:82-87.

[41] [瑞士]费尔迪南·德·索绪尔著,屠友祥译.索绪尔第三次普通语言学教程.上海:上海人民出版社,2002,39.

[42] [德]尤尔根·哈贝马斯.曹卫东译.交往行为理论.上海:上海人民出版社,2004,273-312.

[43] 网络剧《万万没想到》台词.

[44] 巴赫金.白春仁,晓河译.小说理论.石家庄:河北教育出版社,1998,389-390.

[45] 巴赫金.白春仁,晓河译.小说理论.石家庄:河北教育出版社,1998,384.

[46] 巴赫金.白春仁,晓河译.小说理论.石家庄:河北教育出版社,1998,390.

[47] 巴赫金.白春仁,晓河译.小说理论.石家庄:河北教育出版社,1998,355.

[48] [俄]巴赫金.李兆林,夏忠宪等译.巴赫金全集(第六卷).石家庄:河北教育出版社, 1998,33-35.

[49] [澳大利亚]约翰·多克尔.王敬慧,王瑶译.后现代与大众文化.北京:北京大学出版社, 2011,262.

[50] [美]罗伯特·麦基.周铁东译.故事.北京:中国电影出版社,2001,35.

[51] John Fiske. *Understanding Popular Culture*. Boston: Unwin Hyman, 1989, 87.

第三章
网络剧受众的观看行为分析

第一节 移动观看

一、主宰:观看随时随地、不受限制

互联网是网络剧传播的核心渠道。这种由传统的电视台控制播放权到现在的互联网掌握播放权的转变,代表着大众文化传播的渠道权力转变。同时,由于互联网的开放性,这也代表着大众在选择文化产品和文本时,具有非常强的自主性。原有的电视台播放限定了影视剧的时间和长度,受众只能跟随电视台的安排线性观看,不能回放,也不能快进,可介入观看过程中的行为也许只有更换频道和调整影像的声音大小而已。"网络时代,视听信息的'受众'(audience)正在由接收者(receiver)向'使用者'(user)转变"[1]。网络剧的受众,是麦奎尔所预言的积极的"搜寻者(seeker)"、"咨询者(consultant)"、"浏览者(browser)"、"反馈者(respondent)"、"对话者(interlocutor)"和"交谈者(conversationalist)"[2]。积极受众的传统表明,网络剧的受众不仅是信息和内容的接收者,也是文本的选择者。在自由开放的网络环境下,受众的自主性和选择性更加明显。

(一) 获取数量庞大的文本

受众有丰富的网络剧剧目可供选择。网络剧首次播出后,都会存放在网络上,以便点播和观看。鉴于互联网以数字化的方式存储数据,可以实现无限的海量存储。网络剧所需的存储空间,与每日新增的爆炸式信息体量相比,实际上非常少。因此,存储空间是网络剧不必担忧的问题。也正是因为如此,各大视频网站保存了历年的网络剧剧集,可以随时点播,包括 2008 年的《嘻游

记》,到 2020 年《沉默的真相》,都可以找到。

这不仅是因为互联网的传播特性,更是因为网络剧开放的特性所决定。我国第一部网络剧,2000 年的《原色》,就源自一群秉持分享精神的大学生。随后很长一段时间内,网络剧都是影视爱好者自娱自乐的产品。因此,根植于其中的开放和分享的特质,使网络剧成为一种以传播和交流为主要目的的文化实践。随着越来越多商业因素的介入,不可忽视网络剧被赋予盈利的期许和要求。网络剧作为"金融经济"的特征,与其"文化经济"的特征一样,正在生成和发展。但是,网络剧开放交流的特性直到现在仍被保留下来。即便是商业运作的视频平台也需要遵从这一特性,促进网络剧更为广泛地传播。

随着网络剧内容的不断积累,受众拥有越来越丰富的影片库。自 2009 年以来,单是搜狐视频、爱奇艺、乐视、优酷土豆、腾讯视频等平台出品的网络剧,到 2016 年 12 月就逾 250 部,加上独立影视制作机构生产的网络剧,合计将近 350 部。在选择性方面,受众的自主性更强。

"片子特别多呀,想看哪部就看哪部。"(受访者:图书馆 48 号)

"剧太多了都不知道看什么,哈哈,极品家丁,陈二狗,灵魂摆渡啥的。"(受访者:Sunlight099)

"网络剧最近好像越来越多了,这两年特别快(播出)。"(受访者:LoveLove 噢噢)

受众在选择点播这些剧目时,会有一种愉快的精神感受。因为观影的主动权完全掌握在受众。文本只有在到达受众之后,才会成为具有特殊意义的文本。受众不仅决定将文本赋予何种意义和解释,在此之前也决定是否接触文本。这在信息传播的开始就决定了某一类的信息不会被特定的受众接收到,而这一过程在很大程度上都是由受众决定的。

(二)选择各类题材和内容

高速发展的媒介,逐步演变的文化,糅合着深深扎根于当代中国社会的复杂社会语境,包括政治、经济、文化、公民社会、媒介自身话语等力量的错落交织,构建了复杂的现实世界,导致了多元话语和需求的并存。将受众看作一群具有相同性质的信息接受者的观点,长期以来受到诸多批判和修订。受众在网络社会中,个体特征对于文化文本的选择影响力更加显著。不仅是标记人口学特征的性别、年龄、工作等会对受众的选择产生影响,个体的性格、社会的情境等原因也会影响受众的选择。因此,在这些因素随意组合、错综排列的时候,就有着不计其数的可能性,而受众的需求就显得多元而复杂。

网络剧在题材和类别设定方面没有限定,许多都具有实验性和探索性。在时间维度上,现实题材、古装题材、穿越题材都包含在内。类别更是五花八门,悬疑惊悚、都市言情、校园励志、青春偶像、家庭伦理、犯罪涉案、商战传奇、科幻灾难、战争谍战、武侠神话等题材,都是网络剧的内容。相对宽松的政府管制和渠道限制,使网络剧的体裁和主题都比传统电视剧要丰富。如果说传统电视剧如受访者描述的那样:

> "犯罪的不让播,黑暗的不让播,低俗的不让播。全部都是主旋律的剧,每天打开电视就是婆婆媳妇、皇帝妃子,要不就是'手撕鬼子',看腻了。"(受访者:迷航—我是船长)

可以看到在一定程度上,传统电视剧的内容和情节重复性、可预见性过于明显,在建构丰富精彩的"拟态世界"方面,没有折射出多维度的社会切面,忽略了许多受众期待的社会生活。影视剧文本中呈现的生活,都是被改写的生活,与受众对现实的认知有重大差别,难以产生情感的共鸣和心理的迁移。受众选择网络剧时,在题材和内容方面有了更加宽泛的选择性。正如鲍尔德温等指出的那样,"在网络中,复杂的身份是在日常生活的展示中被重新建构的"[3]。多种题材和情境,也意味着对于各式生活的再现。

此外,必须看到对于多元需求的满足,需要将受众作为个人感受的生活经验移植到网络剧文本中,原本被主流的影视文本忽略的、或者是被定义为不适合在公共空间分享的片段都可以获得。私人空间和公共空间因此在网络剧中交汇,主流的意识形态规范和具有个体修正性的受众规范,都可以在文本中被体现,受众看到的不仅是未被主流价值批判过的文本,相反,看到的是契合大众的价值标准和规范。

(三) 决定观看时间和地点

受众观看网络剧不需要确定的时间和地点。"想看就看"的网络剧,是互联网全面普及和数字社会高速发展的产物。媒体科技的发展倾向于将受众从各种限制中解放出来。网络剧有赖于互联网,成为一种受众可以随意接触的文本,时间和地点的限制都被打破。

其一,受众可以实现不定时地观看网络剧。吉登斯认为,在一个机构或社区的组织形态中,人们所遵循的时间模式,可以体现社会的结构和成员之间的关系网络[4]。时间,是社会生活的规范者。对于时间安排的规定,显示在某个时间段内进行某些事务,是被社会价值所接受和认可的。长期以来,传统电视剧的播放计划在很长一段时间之前,就已经制定完成,并且会严格按照计划安排电视剧的播出时间、集数、长度等。如果错过播放的时间,受众就不得不等待重播,或者从其他渠道获取电视剧内容。而最具吸引力的电视剧集,通常会被安排在晚饭后的时间段播出,因为社会价值中认可在一天的工作结束后,才是进行娱乐的最好时机之一。在这样的情况下,受众是被动的,时间也是被安排和规定的,"播什么看什么"是最便利的选择。网络剧的观看时间可以由受众决定。只要剧集进入播放平台,受众就可以自由决定什么时间段点击观看,不必根据普遍的收看习惯、或者播放渠道的要求来调整时间。

"我喜欢早上上班前看一集,觉得整天都开开心心的。"(受访者:巴黎初心)

"周末攒起来看。有时候我周末宅在家不出门,整天躺在床上,看我喜欢的剧啊,一集接一集地看,醒了就看,困了就睡。"(受访者:岷山一区)

受众的观看时间,根据个体不同的实际情况决定。每个时间点和时间段,都成为可供支配进行网络剧观看的选择。因此,也不存在一次必须看够多久、或者看完几集这样的规定。可以是碎片式、零散式、跳跃式的观看,也可以是连续、整体的观看。观看时间完全由受众决定。

其二,受众可以实现不定地点地观看网络剧。谈及网络剧的观影场所,不得不讨论电影和电视的观看。作为公共场所的电影院,是电影观看的最主要场所。电影观影时必须要遵循公共的社会行为规范。观看者必须按照电影院的场次安排,并在获得的特定位置观看。观看在漆黑的环境中进行,交谈和走动都被认为是不适合的行为。电影受众最好一直坐在座位上,从影片的开始到结束。电视则从公共场所进入家庭,成为家庭成员可以随意观看的文本,但是正如莫利关于《家庭电视》研究中指出的,家庭中电视观看的性别特征,也反映社会的意识形态,电视节目的选择权力和控制大多掌握在男性手中[5]。作为单个个体的受众,在选择电视文本时,还是会受到各种各样因素的制约,置于家庭中的电视也不能实现受众随心所欲的观看。

网络剧的观看大多数是通过电脑、平板电脑、手机等移动终端的显示屏。首先,这些观看终端具有明显的私人性。与公共或者家庭类的媒体相比,电脑、手机等设备大多数是个人使用的,同他人分享的情况并不常见。"密码"的使用,也许是对个人所有的最好保护。因此,受众不必考虑选择的剧集对于其他人的影响,在公开或是私人的场合都可以自由观看。其次,随着媒介技术的发展,网络剧的观看终端大部分都是便携式、可移动的设备和装置,不必固定在一个地点,可以随身携带、自由移动。电脑如此,手机更是如此,最近出现的可穿戴移动设备,更是将这种便携性发展到新高度。轻便的可移动设备使受众实现观看时间和地点的更多选择。

"我想在哪看就在哪看,戴个耳机,碍不着谁。"(受访者:电路不通)

"手机、电脑都常用看剧的,没试过 iWatch(注:苹果智能手表),下次试试……地方嘛,就完全随意啦,家里、公司、商场,好像我都看过。"(受访者:像双鱼座的天蝎座)

二、陪伴:随身携带、适应各种场景的伴随者

(一)陪伴性的媒体:手机观看

手机,是媒介研究的新焦点。莫利在《传媒、现代性和科技:"新"的地理学》一书中,讨论了现代人对于手机的依赖,认为人们对于手机所提供的"随时随地"联系外界的需求确实引人注目[6]。迈尔森用带有后现代色彩的笔触写道,手机就像德国思想家海德格尔、哈贝马斯所提倡的那样,为人们带来"交流"的快乐。此外,作为现代人的象征,手机代表新时代瞬息万变的环境[7]。在科珀玛看来,手机将人们从时间和空间的限制中解脱出来,堪称移动的法宝[8]。手机的力量不局限于下载文字、音乐、视频,更为重要的是提供互动体验[9]。

在帮助受众实现随时随地观看网络剧的媒介之中,最不可忽视的就是手机。手机已经超越电脑,成为受众观看网络剧的主要方式。越来越多的受众选择在手机上进行网络剧的点播。随着互联网的迅速普及,大众通过网络获取信息和进行娱乐等行为,变得愈加便捷。电脑的普及,引领社会进入桌面互联网时代,而当前以智能手机为代表的移动终端的普及,则促进社会向移动互联网时代发展。

根据中国互联网信息中心的调查数据,截至 2020 年 3 月,我国网民规模为 9.4 亿人,其中手机网民数量达 8.97 亿人。2019 年 12 月,网络视频(不含短视频)的使用时长在手机网民常用 APP 中占 13.9%,仅次于占比 14.8% 的即时通信类 APP[10]。

使用手机观看网络剧的受众人数,已经大大超过通过电脑收看网络剧的

人数。手机成为受众首选的网络剧观看媒介。

手机作为网络信号的移动终端,其基本特征是数字化,同时具有网络媒体交互性强、传播速度快、可以进行多媒体使用等特性,但是手机最大的优势是携带和使用方便[11]。这就使手机如广播一样具有陪伴性。广播一直具有非常重要的传播特征,就是其陪伴性(或者说伴随性)。当受众独处或者在从事其他活动时,广播可以一直伴其左右。但是广播实现的仅为声音的传播,手机可以实现声音和图像等多媒体的文本传播,带给受众的现实感也就更加强烈。

首先,受众选择使用手机观看网络剧,正是因为手机的便携性。

手机小巧轻薄,可以随身相伴。这种便捷性和可获得性,是媒介大范围推广的重要特质。手机体积小、重量轻,可以被轻易放入衣物口袋、公文包,或者挂在胸前、拿在手上。比起以前的报纸、书籍、广播、电视、电脑来,没有哪一种媒介像手机一样,可以如此轻松地携带和使用,同时可以提供庞大的数据和信息。手机是进入互联网的一个切点,只要轻轻地点击,就可以进入浩瀚的数字世界。在媒介使用方面,手机不需要有什么特殊的设施或者设备的要求,没有盘杂交错的连接线,也没有无法移动的接收器。只要通过无线信号接入互联网后,就可以直接观看喜欢的剧集。

"我一般是在手机上看剧。手机小,可以上网,比我的电脑轻多了。拿在手里,可以随便什么姿势,坐着、躺着都可以。这方面的话,我觉得电脑还不方便。"(受访者:只说实话)

其次,受众选择使用手机观看网络剧,源于受众的媒介使用习惯。

正是因为手机的便携性,受众对于手机的依赖程度高,因此将这种使用习惯迁移到网络剧的观看上。根据"媒介系统依赖论",媒介系统与个人、群体、机构和其他社会系统都在一个生态系统中彼此联系,而这种联系的本质主要是依赖关系。大众传播媒介作为复杂的现代社会结构中不可或缺的组成部分,拥有收集信息、处理信息、散布信息的控制权力,个人、群体、组织、社会都需要依赖这些信息资源。个人依赖媒介理解社会和自我,并通过媒介的接触决定在现实中的行为,而"娱乐依赖"也是其中的重要方面[12]。受众通过媒介进行娱乐活动,并因此同媒介建立更加亲密的依赖关系。

"习惯了每天刷手机,我看书、看剧都是用手机的。"(受访者:青春无痕了)

"还是用手机看(网络剧)方便。手机是每天要带着走的嘛,要是还得再带个其他的(工具)看,太麻烦了。"(受访者:总会环游世界)

受众习惯了使用手机作为沟通社会的工具,因此也倾向于使用手机观看网络剧。手机已经在受众的日常使用中占有非常重要的作用,是受众联系他人、维护社会关系、获取信息和娱乐消遣的重要方式。因此,在观看网络剧时,会倾向于使用已经熟悉并产生依赖心理的媒介,尽可能实现更多的需求。这更加便利,同时也满足了受众的熟悉感和依赖感。

再次,受众选择使用手机观看网络剧,还因为手机对于各种社会交往场合的适应性。

由于受众对于手机的普遍依赖,随身携带手机,就成为可以被理解和接受的社交规范。如麦克卢汉所描述的,手机已经渐渐成为不可或缺的"人的延伸"。人们携带手机出现在各种公共场所和私人场合中:不管是公务会议,还是项目谈判;不管是同伴宴请,还是家庭聚会;甚至上班、上课、锻炼、购物等,人们都携带手机参与。与之前的大众媒介相比,手机显示出融入千姿百态的社会生活的广泛适应性。手机作为人的一部分,已经被普遍接受。因此,手机可以被轻易地带到任何场合,并且不会受到质疑。这又恰恰进一步促使手机的便携性和陪伴性的发展。

各种社会交往场合对于手机的接受和开放,也代表受众在任何情况下都具有观看网络剧的条件和基础。携带手机,对于网络剧受众而言,就意味着携带随时观看的可能性。即便是在无法接入互联网的情况下,手机依然可以通过提前下载和存储的方式,实现离线观看。许多受众选择"下载到手机里,有机会就看"。

突破了社会交往规范和技术的壁垒,在手机这种普遍融入个人和社会生活的媒介辅助下,受众随时随地观看网络剧成为可能。而手机也因此更加被生活中的多种情境所接受,成为日常生活的一部分,剧中的形象也成为受众看待世界的一部分。因此,手机打破"媒介中所含有的与另一个现实的距离感"[13],与真实生活相连。

(二)随时取用:消遣娱乐

网络剧因为通过手机播放,其陪伴性就在受众的生活中占有重要地位。受众将网络剧看作时刻陪伴在自己身边的文化文本,可以随时取用。其中,旅途或者通勤的路上、等候的过程中、闲暇的时光里,都是受众倾向于选择网络剧为伴的时间段。

首先,受众会在旅途和上下班通勤路上观看网络剧,主要原因是"无聊,没有什么好玩的事情可以做"。快节奏的生活是现代社会的特点,人们日常生活中有越来越多的身体移动,带动物质和信息的移动。这对于生活在城市中的居民而言,尤为明显。工作地和居住地的空间差异,需要花费时间来弥合。因此交通工具成为弥合这种差异的方式,人们每天往返工作地和居住地所需的时间少则半小时,多则两三个小时。这段时间基本无法进行需要聚精会神才能完成的活动,消遣和放松成为较好的选择。因此,多位受访者表示:

"在上下班的路上,一定要看网络剧的,不然太无聊了。"(受访者:睡不醒的 UEK)

"公交上看吧。"(受访者:蒙娜丽莎的微笑)

"乘地铁的时候看,没事可做。"(受访者:神的复印机)

不仅是在城市之中的身体移动增多,带来路途当中的时间空档。如今各种定期和不定期的长途旅行也是司空见惯。因此,也有受众选择在长途旅行的过程中选择观看网络剧。

"因为工作的原因,经常要出差,现在有高铁方便多了,一天可以从上海到北京来回。就是坐太久了,也不好跟陌生人聊天,就自己看看喜欢的网络剧喽。"(受访者:岷山一区)

"我每学期放假都会回家,开学再来学校。一般会坐火车回家,我喜欢那种慢慢走的感觉。在路上没人陪我的时候,我就看剧、看风景,觉得很放松。"(受访者:一只馄饨)

其次,受众选择在等候的过程中观看网络剧。人们生活中的每日事务不会各个事项都能在时间上无缝连接,因此存在时间空隙。完成一件事情后,不免要经过一个等待的过程,如等人、等车,才能继续下一件事情。这些等候的时间是零碎的,而且通常都是"无聊的"。

"我是公司的司机嘛,老板吃饭、谈事情的时候,我总归是要等着的。那什么时候结束也不好说。有时候嘛在车上打打瞌睡,有时候我就看看电视剧啊,都是我小孩给我下的,《心理罪》、《(法医)秦明》什么的,都蛮好看的。"(受访者:图书馆48号)

网络剧的片段式、碎片式呈现方式,使受众不需要长时间的投入,就可以迅速进入故事情境,并且在几分钟内就可以完成一则小片段的观看。因此,受众在等候的过程中观看网络剧,网络剧成为随点随播的陪伴者。

再次,受众会在闲暇的时候观看网络剧。如果说前文所述的车上、路上只提供了碎片化的观看时间,那么结束一天或者一周的事务后,晚上或者周末等闲暇时光,也都是受众乐于选择观影的时间。在现代生活中,个体与个体之间的疏离,带给社会成员强烈的孤独感。也许亲朋好友的聚会,是解决这个问题的途径,但是总有时候是孤独的。

"没人陪我,叫朋友也不方便。"(受访者:梦—大黑)

观看网络剧,这时就成为打发时间的重要娱乐方式。网络剧的戏谑调侃,不时缓解着受众的孤独感。

"晚上下班回来,我就边看剧边打游戏,也不太出去玩,没什么好玩的,见个谁都远,累了一天想好好休息一下。"(受访者:对将)

"周末我自己在家做饭,吃饭的时候看《万万》(即《万万没想到》),笑喷。"(受访者:Pdjeid1999)

不管受众是否集中精力观看,网络剧作为背景或者作为陪伴者,都是消遣娱乐的好方法,并且边播边进行其他的事情,使得这种陪伴性更加轻松随意。手机点播,又使得网络剧的陪伴渗透或大或小、或整或零的时间分配中。排遣孤独感,获得快乐和愉悦,都通过网络剧的陪伴性得以实现。

三、逃离:脱离出现实中难以忍受的环境

卡茨等人在探讨媒介使用和效果时多次论证:受众的媒介接触行为,出于对某种特定类型信息或者媒介的需要和期待,并在媒介使用中得到不同程度的满足[14]。在观看网络剧的时候,受众借助网络剧,进行着像罗曼尼辛提出的"边清醒边做梦",他们一边在场,一边逃离。因为受众在和网络剧的互动中,"摧毁了线性的理性逻辑、情境的连贯、叙事的延续以及可以无限延伸下去的价值"[15],沉浸在断裂的、碎片的文本和情境中。

受众在使用媒介时有逃避现实的需求,这一观点已经被传播学的多项研究所证明。早在20世纪40年代,就有学者在对肥皂剧的研究中发现,被认为肤浅、没有内涵的日间广播肥皂剧,对于它的受众(其中大部分是家庭妇女)而言,却具有重要的意义。华纳和亨利采用访谈等形式,对肥皂剧《大姐姐》(Big Sister)的受众进行研究发现,收听《大姐姐》给予她们通过欢笑和泪水释放情感、逃离日常压抑的方法[16]。1962年,卡茨和福克斯提出受众使用媒介究竟为何用的最佳答案,就是"逃避"(escape)[17]。不论从社会学还是人文科学的角度进行研究,大众文化都提供了可以脱离现实情境的"文本"和"内容",受众在大众媒介提供的这种梦幻般的拟态环境中获得心理的满足。此后,麦奎尔等提出媒介的心理转化效用,认为电视帮助受众逃避现实生活中的压力。受众的行为反映出许多社会和心理根源,其中最典型的需求之一,就是逃避[18]。从这些研究可见,逃避是受众使用媒介的重要目的。这在网络剧的观影中也得到非常明显的体现。如果从媒体的选择方式来看,受众大多使用手机观看网络剧,这就使受众可以随时随地观看,并且通过观看逃离出现实生活中难以处理的环境。这在上下班拥挤不堪的公共交通中、不得不参与的公开场合里、处理不平衡的家庭关系中体现得非常明显。

(一)逃离拥挤尴尬的空间环境

首先,受众通过观看网络剧,逃离拥挤的通勤环境。许多网络剧受众,都需要搭乘公共交通工具长时间往返于工作地和居住地。在交通高峰期,不管是城市轨道交通,还是公路公共汽车,都是拥挤和嘈杂的。大家聚集在狭小的空间中,彼此之间的身体距离早已打破个人的舒适区域,空间被侵占和挤压。人们不得不和陌生人发生接触和碰撞,还要经历不时的颠簸和站点的停靠。这就让通勤过程"痛苦不堪"。受众之中有很大一部分,都会在这个时候观看网络剧。网络剧为他们构建了"保护伞",使他们暂时忘却周围不愉快的环境,避免和陌生人尴尬的眼神交流,带来观影的愉悦感。

"高峰的时候,地铁人挤人,大家前胸贴后背的,我个子矮,经常一抬头就看到别人的鼻孔,恶心巴拉的。还不如看个剧,搞笑的那种,就不要看其他的(人)就好了。"(受访者:像双鱼座的天蝎座)

"天气不好的时候我在公交上稍微看看(网络剧)。没办法,下雨天公交挤得要死,湿哒哒的,压根儿不想去上班。"(受访者:Biu 不 biu)

除了拥挤、局促的公共交通,医院、车站等这些容易引起不安、焦虑等负面情绪的环境,也会使受众借助网络剧逃离现实。

网络剧为受众在拥挤的现实环境中构建了一个可以逃避的安全区域,而这个区域很大程度涉及的是精神层面和心理层面。现实环境其实并不会发生改变,只是网络剧将受众的思维带入一种愉快、轻松的"第二世界",脱离被挤压和不受自己控制的现实空间。

(二)逃离不得不参与的公开场合

在社会交往规范中,聚会、集合和会议等各种各样的形式,将人们聚集在一起。聚会是分享共同的社会经验、讨论利益攸关的相同话题、达成共同认识的重要方式。因此,在社会生活中,人们的聚会碰面必不可少,会议、派对、宴会等都是司空见惯的具体形式。而在这些具有社会交往功能的聚会中,总有参与者不愿参加、却不得不参加的情况。许多时候,聚会中总是有不少的听众或观众,他们不是这些场合的主角,也不会引起关注、受到重视;他们很容易就会被遗忘,但是出于对社会交往的遵循,却不得不出现在现场。

> "我们经常要开大会,还要签到,一开就一上午、半天,我就坐在后排看(网络剧),反正主席台很远。"(受访者:Carry你不动)

> "公司中午休息,部门的同事经常一起出去吃中饭,我刚来,肯定要去嘛,也没啥要说的,就听他们讲,顺便看一下在追的(网络剧)。"(受访者:青春无痕了)

在这些公共的物理空间中,身体必须在场,出现在由社会运行机制规定的场合中,并且受到身份和等级的束缚。但是,人们仍旧可以用费斯克所言的"游击战"方式,寻求精神世界的逃离。在这些场合,网络剧观影除了让受众逃离现实的烦闷,还可以让受众获得"开小差"的愉悦感受。受众的时间不仅没有被限制在制度化的场合中,还可以为自己所用、进行喜欢的活动。因此,受众愉快的心理感受愈加强烈,对于生活和自身的控制感也随之增加。

(三)逃离不平衡的家庭环境

家庭是社会的缩影,成员之间的关系必然难以达到完全的平衡。这种不平衡在媒体使用方面依然存在。许多中国家庭的电视仍然占据客厅的重要位置,但其中的收看行为与莫利1986年在英国进行的《家庭电视》研究结果有所不同。根据莫利的研究,在家庭收视行为的性别框架中,观看电视节目的选择权和控制权掌握在男性手中[19]。中国家庭因为有尊敬长辈的传统,家庭中电视节目的选择权一般是由家中的长辈掌握。中年人和青年人更倾向于使用电脑或者手机,观看剧情类的节目。

> "父母老了,也不会上网,就看看电视,我们是不跟他们争的。他们爱看唱歌、跳舞的节目,我们也看不到一起,就自己上网看看网络剧。"(受访者://Sun//)

家庭中的晚辈,更加倾向于通过网络剧逃离难以处理的家庭环境,如当父母发生争吵时、必须参与家庭集体活动、晚辈被责骂时等。

> "有时候是我爸妈带我走亲戚的时候,我跟他们也不熟,我就在手机

看(网络剧)。"(受访者:G 的铠甲)

"我爸看我成绩就烦,老训我,离家出走算了。又没钱,看个(网络剧)解闷。"(受访者:BO_BO)

家庭环境中的不平衡和矛盾,也是生活中难以面对和处理的情境,媒介在其中也扮演保护伞的角色。受众借助网络剧,暂时躲避在心理上的安全区域,从恼人的现实中抽离出来,寻找精神的平静和愉悦。

第二节 选择倾向

一、受众普遍接受的网络剧文本

(一)喜剧:接受度最高的类型

巴伦在探讨媒介和文本的关系时曾经提出,一个文化的价值体系,直接反映在它的故事是如何讲述的[20]。受众对于叙事方式和文本的认可,也代表对于某种文化意义的认可。按照戏剧冲突的性质和效果,网络剧可分为悲剧、喜剧和正剧。其中,喜剧是网络剧受众普遍接受度最高的类型。喜剧来源于古希腊的狂欢节,由当时丰收时节祭祀酒神时举行的狂欢游行逐渐演变为一种舞台艺术。网络剧将这种源自街头的狂欢精神深深融入文本,插科打诨,嬉笑怒骂,自成风格。受众乐于看到网络剧中夸张的表演、巧妙的叙事、幽默的台词,喜欢其中荒诞的情节、愚蠢的角色、开朗的人物。在网络剧中,主人公擅长以灵活多变的诙谐、滑稽和无伤大雅的丑陋、戏谑,来展示生活中的一切欢喜和哀愁,包括美丑善恶、悲欢离合。

首先,受众喜欢轻松搞笑的网络剧。诙谐幽默、引人捧腹,只要具有这样的特质,就可以成为受众接受并欢迎的网络剧文本。喜剧类网络剧带给受众快乐和高兴,一切都是轻松和随意的。即便有时候网络剧中存在冒犯性的粗鲁言语或者人身攻击,但都被披上幽默的外衣,受众付之一笑,就是观影的全部过程和目的。

"好笑才看的,不用费脑子。别谈什么理想,它只是一部逗你开心的电视剧而已。"(受访者:黑色的信仰)

"还是喜欢网络剧那种逗比卖萌的路子,给我带来了很多欢乐。"(受访者:龙龙豆)

喜剧带来欢乐，即使是生活中痛苦的事情，也会被渲染上快乐的情调。网络剧中并非没有悲伤和痛苦，只是这种痛苦被改写成为爆笑的讽刺和自嘲。在接连不断的段子、笑点密集的轰炸下，受众暂时忘记回应痛苦、只记得欢笑。

其次，受众喜欢荒诞不羁的网络剧。所谓荒诞，意指极言虚妄，不足凭信。网络剧越是天马行空，与现实世界谬之千里，就越是受到受众的欢迎。文学艺术有真实复原现实生活的追求，也有建构虚幻世界的理想。受众期待在网络剧中看到一个完全陌生的世界，期待网络剧通过摒弃原本影视文本的结构、语言、情节，以及其中的逻辑性、连贯性，呈现一个"颠倒的世界"、"第二种生活"。

"网络剧有些就太假了，根本不可能的。你说你一个小姑娘大半夜一个人跑到那么偏的地方，不怕坏人啊。哦，被抢了一次还不够，第二次还来，主动被抢。太傻了，哈哈，还蛮好笑的。"（受访者：龙龙豆）

荒诞的网络剧不遵循现实的逻辑，打破各种各样的规矩，使网络剧构建的世界同现实世界产生巨大差异。写实，是不属于网络剧本质的。"荒诞不羁爱自由"也许才是受众接受网络剧的根本原因。

(二) 题材：各式各样

所有的文化文本，如好莱坞电影，正如罗斯滕阐述的那样，"都面向一个巨大的市场，但是它不能采用同质的大规模的生产方式，每一部影片都具有自身的特点，面向不同的受众，满足不同的需求"[21]。受众的观看行为，同时也是满足需求的活动[22]。受众有的"最爱看福尔摩斯这类的侦探故事，喜欢破案的"，有的认为"美美的爱情故事当然最好看，男主角一定要帅"，有的喜欢"穿越剧，当然是（爱看）穿越剧"，有的说"我想以后当警察，爱看警匪片"。

网络剧的题材丰富多样，风格各异，神话剧、历史剧、传奇剧、社会剧、家庭剧无所不包。其中，穿越、偶像、悬疑、魔幻、科幻等类型的网络剧，是受众最常选择的类别。从整体来看，这几种类型的题材除了保留传统电视剧的偶像剧之外，其他四种题材都是在网络剧中才比较多见的类别。

"爱看清穿剧（即清朝穿越剧），女屌丝回去就是皇子收割机。"（受访者：因因天使）

穿越类无疑是网络剧中最先获得庞大受众群的类型，几乎占据目前网络剧的半壁江山。唐宋元明清，各个朝代的穿越剧都有。穿越类网络剧以小人物为主角，重笔描述小人物在穿越后对于重大历史事件的影响力。当摩羯女白领遇到高冷王爷、一无是处的无业青年醒来变成唐朝贵胄、时间管理者穿越各个时空维护宇宙的平衡，这些都是受众喜欢的话题。正如美好童话千篇一律的开头一样，"从前有一个国王……"。对于受众而言，穿越就意味着无限的可能和趣味，矛盾如何发展、故事如何跌宕，也因此更加激起好奇心。

"爱死我家总裁凯凯了，快点和小妖精在一起吧，最佳CP啊。"（受访者：LoveLove 噢噢）

偶像类网络剧自然必不可少，受众在甜蜜的浪漫青春、痴痴情深中陶醉沉迷。爱情和青春，是人类永恒的话题，这对于一群以青年人为主的网络剧受众来说，吸引力更甚。暗恋、单相思、虐恋，各式排列组合，迅速通过移情，将受众感受投射到剧集之中。偶像剧除了讲述爱情，同时也将美好的想象视觉化，人物是美丽优雅的，背景是唯美灿烂的，矛盾是可以用爱来化解的。一切贫穷、争斗、罪恶，都被浪漫化，一切皆是美好。

"你说我的俊艳欧尼拍这样的剧，晚上会不会做噩梦？我一次连追了六集，昨晚吓得睡不着。"（受访者：麻小）

悬疑类网络剧惊险紧张、扑朔迷离，为受众青睐。受众在进行该类网络剧的观影时，很容易为其中精心设置的疑团牵引，继而投入剧情之中，跟随人物丝丝入扣的推理和演绎，一起抽丝剥茧，将谜团解开。这种"烧脑型"的网络剧，对受众投入的情绪和精力要求较高。受众观看此类剧集的过程，其实也是发现问题、探索问题、解决问题的过程，因此，故事结局在一定意义上会为受众带来轻松感和成就感。许多情况下，悬疑类网络剧又结合惊悚、恐怖、侦破等元素，受众的情感刺激也就越加强烈。

"张小凡他师傅说，修仙是要为天地立心，为生民立命，为往圣继绝学，为万世开太平。"（受访者：Sunlight099）

魔幻类网络剧以魔幻故事为题材，可谓最天马行空的网络剧，与现实世界的距离也最大。受众喜欢这类网络剧千奇百怪的法术法宝、不同寻常的趣闻轶事。各种魔法神话，交织构建了玄幻、奇妙的世界。魔幻类网络剧以我国古代传说中的神话传奇为主要元素，妖魔鬼怪、魂魄魑魅，层出不穷。这类网络剧往往和寻仙问道有关，涉及天、地、人、物的相处相争，结合武侠元素中铁骨柔情、仗剑江湖的想象，成为受众精神世界的伊甸园。这类虚构的情境，寄托了受众对于万物平等相处、各自潇洒逍遥的期盼。

"科幻的(网络剧)编剧脑洞都很大啊。宇宙银河系,高大上。有时候想想呢,又觉得可以从主人公身上,看到现在的影子。"(受访者:梦——大黑)

科幻类的网络剧其实并非网络剧的主流类型,可选的文本也并不多,却是受众期待看到的类别。这类网络剧的情境是以科学为基础的幻想性现实,其中所用的科学理论也不一定被主流科学界认可,却尽力保持科学的严谨性和逻辑性。时空隧道、外星人、超能力、星球大战等主题,都在该类网络剧中所常见。科幻类网络剧的故事背景常常是未来世界,高科技的时光机、宇宙舱、智能机器人都是超越当代科研开发能力的领先技术。尽管如此,科技的发展并不总是意味着社会的进步,未来世界在网络剧中,人性也许更加扭曲和多面,社会矛盾也许更加尖锐,人类处境也许并未改善。这种忧思和期许的复杂心态,或者正代表受众对于未来的矛盾感受。

(三) 文本形式:包容尝试

网络剧文本的内容多种多样,形式也同样如此。受众对于网络剧的包容程度较高,即便他们觉得有些网络剧"剧情狗血",布景靠"自动脑补",充满"五毛特效",但依然会选择观影。对于网络剧形式上的差别,受众同样持有包容、接受的态度。

首先,对于网络剧参差不齐的长度,受众习以为常并普遍接受。网络剧因为没有形成统一的文本制作规范,在形式方面也没有外部规范需要遵循,因此在长度设置上较为随意,各种剧集长度都有。受众对于网络剧这一特点是普遍接受的。在受众看来,一方面,网络剧本身就没有必要统一形式,恰好是这种随意和轻松,可以促使更为优质的文本产生。如果对于形式过于苛求,那内容也不免受到影响,就无法继续目前这种多元的格局。另一方面,从受众的实际观影情况和需求来看,不是每部网络剧都要端坐在屏幕前面仔细欣赏。不同长度的网络剧,可以满足不同时间长度的观看要求,工作日和休息日、车上和沙发上,都有不同的观影需求。正是网络剧这种长短不一的区分,给了受众更多的选择,以适应不同的场合。所以也就不必追求长度和制式的一致。

其次,对于各不相同的网络剧更新时间,受众并未觉得抵触,依然持包容态度。网络剧按照播出时间来分类,各不相同,有的是周播剧,有的是季播剧,有的是联播剧。各个剧集的更新频率和时间点,差异性较大。每天的中午十二点、晚上八点、凌晨十二点,是网络剧较为常见的更新时间,其中又以每日中午十二点和凌晨十二点居多。传统电视剧更新播放的"黄金时间",并不适用于网络剧的更新。每部剧的更新时间都不相同,受众如果要在第一时间观看最新的剧集,就必须熟知特定剧集的具体更新时间。对于受众而言,这似乎并不是一个阻碍。对于青睐的网络剧,受众不介意是中午还是晚上等候更新。有的受众,对于中午更新的网络剧,"正好可以中午休息的时候看";对于晚上更新的网络剧,如果无法深夜观影,仍可以"早上起床就开始下载,白天有空就看"。

在形式的规范性上,受众并不认为统一的规范是必要的,这包括行业性的规定和政府的规制。受众接受网络剧在内容上的狂放不羁,也同样接受其形式上的随意多变。而这种变化也是受众观看网络剧的另一种期待——惊喜和变化。关于网络剧,没有什么是固定不变的,层出不穷的创新和改变,以及带给受众的新奇感受,正是网络剧聚集受众的重要特质。

二、受众对于网络剧文本的选择差异

正如威廉斯所言:"世界上根本没有什么大众,只有某些人将另一些人'视为'大众而已。"[23]受众是异质性明显的群体,对于网络剧,每个受众都有区别于他人的选择倾向。社会科学研究将具有相同身份、背景的受众分门别类进行考察,以此来观察特定人群的偏好和特征。在分析受众对于网络剧文本的选择倾向时,按照受众的人群属性,分别对不同年龄、学历、性别的受众,进行网络剧文本喜好的分析。

该部分考察以问卷调查的方式进行。问卷调查集中在 2016 年 9 月至 10 月两个月进行,累计发放问卷 371 份,回收有效问卷 300 份,回收率为 81%。其中在线下发放 200 份问卷,回收有效问卷 179 份;通过互联网发放 171 份,回收有效问卷 121 份。

(一)年龄差异

"我国网络使用者以 10~39 岁的低龄人群为主体,占整体使用者的 73.7%;其中 20~29 岁的青年人人数占 30.3%,在各个年龄层次中又是最多"[24]。在回收的有效问卷中,受众的年龄分布也呈现与网络使用人群相同的年龄特征,即:普遍年龄偏低,受众尤以青年人群为主。在受众中,18~24 岁的年轻人占 42.67%,远超其他各个年龄段;其次是 17 岁及以下的受众,占 23%;再次是 25~30 岁的受众,占 17.33%。具体分布如图 3.1 所示。

网络剧的文本类型较为丰富，涵盖青春校园、考古寻宝、惊悚恐怖等多个题材。将网络剧的类型合并归纳，可划分为以下九个类别：偶像言情、探险冒险、职场励志、科幻魔幻、情景喜剧、悬疑惊悚、战争情报、武侠动作、历史传记。多数受众并不局限于观看某一类网络剧，而是通常会选择多种类型和题材的剧目。

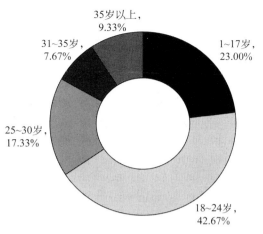

图3.1　网络剧受众年龄分布

从多项选择"网络剧类型和题材选择倾向"的反馈结果来看，受众最常观看的三种网络剧类型是偶像言情、悬疑惊悚、科幻魔幻，分别占总人次的30.4%、25.1%和20.7%。

从受众年龄段和这三种网络剧类型的总体关系来看，基于整体数量，18～24岁的受众无论在哪种类型的网络剧中，都是最大的观影群体。其他四个年龄段会随着类型的变化而不同。

1～17岁的受众，在偶像言情和科幻魔幻类网络剧中，观看人数仅次于18～24岁，位于第二位；但是，他们对于悬疑惊悚类网络剧的喜爱，不如25～30岁的受众群体。31～35岁的受众以及35岁以上的受众，都并非网络剧受众的主体人群。这两个年龄段的受众在三种类型的网络剧中交替位居末尾。略有变化的是，二者中31～35岁的受众偏爱科幻魔幻类，而35岁以上的受众偏爱偶像言情、悬疑惊悚类的网络剧。

1. 偶像言情类网络剧与受众年龄分布

爱情和明星是几乎贯穿所有网络剧的主题，偶像言情类也因此成为出产最多的网络剧类型。从年龄分布和网络剧类型的关系来看，24岁以下的人群最青睐的网络剧类型是偶像剧，其中包括17岁以下、18～24岁两个年龄段的受众，一共占被调查者的70%。其次是25～30岁的受众。人数排在第四位的群体，是35岁以上的受众。具体分布如图3.2所示。

尽管都是对偶像言情网络剧的观看，但这五个年龄层的受众不仅在人数方面存在差异，在看似相近的网络剧文本选择方面也存在差异。青少年、青年人、成年人对于偶像言情类的文本需求是不一样的。所有的受众都期待在网

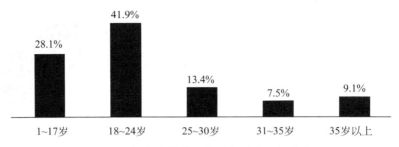

图 3.2 偶像言情类网络剧与受众年龄分布

络剧中找到、实现更美好的生活、更自由的自我,因此,每个年龄段的受众就将自己的爱情想象投影到不同的角色和叙事中。

第一,偶像言情类网络剧的受众分化,体现在 1~17 岁的受众倾向于选择青春活泼的校园偶像剧。

在校园偶像剧的受众中,1~17 岁是最主要的观看者。《超星星学院》《最好的我们》《校园篮球风云》等单纯美好的校园友情、爱情故事,同这个年龄层受众更容易产生共情,展现的是他们所期待的更美好的世界。随着年龄的增加,受众对于这类偶像剧的青睐呈现递减的趋势。其他年龄段的受众对于校园偶像剧的喜爱远远不及 1~17 岁的受众。可见情境的"陌生化"处理需要以熟悉的经验为基础,才能引起更多的共鸣。此外,35 岁以上的受众,对于校园偶像类网络剧的青睐,超过 31~35 岁的受众。35 岁以上的受众对于偶像类网络剧的需求,带着一种怀旧的感伤,是对于过往时光的缅怀和自己青春缩影的投射。具体分布如图 3.3 所示。

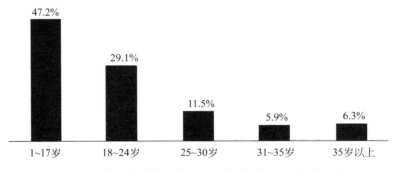

图 3.3 偶像言情类网络剧中校园偶像剧与受众年龄分布

第二,偶像言情类网络剧的受众分化,体现在 18～30 岁的受众是都市类偶像剧的主体。

18～24 岁的受众,作为少年到青年的过渡年龄段,同时具有少年和青年的喜好品味,他们不仅喜爱校园言情网络剧,也喜欢都市言情网络剧。这里的"校园"和"都市"分别代表不同的情境和身份。"校园"单纯美好,主角是未成年人、学生,他们的成长和试错更易得到社会和家庭的包容和支持。"都市"积极精彩,主角是步入职场的成年人,叙事基调是奋斗和争取。18～24 岁的受众,因为阅历和经验的缘故,可以感受校园的生活心理,也能想象未来步入社会的图景。因此,这个年龄段的受众就成为校园和都市两种情境偶像剧的汇合点。而 25～30 岁的受众更加关注工作、职场、社会交往等话题,他们也更加成熟。《我的朋友陈白露小姐》《高品格单恋》等将都市爱情作为主题的网络剧,更能引起他们的想象和共鸣。具体分布如图 3.4 所示。

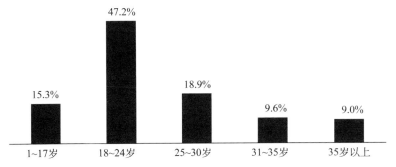

图 3.4　偶像言情类网络剧中都市偶像剧与受众年龄分布

第三,偶像言情类网络剧的受众分化,体现在 35 岁以上的受众最为青睐的是家庭生活类的偶像剧。

正如学生熟知校园、青年期待都市一样,35 岁以上的受众日常经验丰富,对于表现日常家庭生活的偶像言情类网络剧接受度最高。偶像剧借助表演者靓丽的外形和浪漫的爱情,为琐碎平凡的日常事务增加美感、陌生感和距离感。比现实更美好的网络剧情境,同样是这一年龄段的受众期许。他们更加容易被邻里街坊的市民传统、零碎温暖的家庭相处所打动。在网络剧的家庭生活中,并不提倡伦理辈分的规矩,也不宣扬情感的理性和克制,生活既是日常的,也是随意的。因此,《请回答 1988》这类浪漫化演绎的家庭生活剧就颇受这一年龄段的受众欢迎。具体分布如图 3.5 所示。

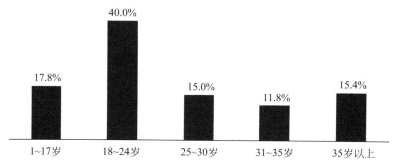

图 3.5　偶像言情类网络剧中家庭生活偶像剧与受众年龄分布

2. 悬疑惊悚类网络剧与受众年龄分布

从年龄分布来看,与偶像言情类网络剧相比,悬疑惊悚类的网络剧在青年和成年受众中的受欢迎程度都略高。1~17岁的受众,对于该类网络剧的喜爱程度较低。该年龄段受访者占总人数的23%,只有14.3%的受访者表示平时经常观看悬疑惊悚类网络剧。18岁及以上的受众普遍喜欢悬疑剧。18~24岁的受众则是悬疑惊悚类网络剧的主要群体,其次是25~30岁的受众。具体分布如图3.6所示。

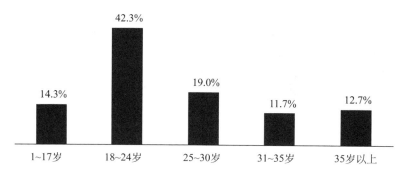

图 3.6　悬疑惊悚类网络剧与受众年龄分布

少年群体并不青睐该类网络剧。青年人喜欢悬疑剧,因为这类网络剧有紧张刺激的气氛、环环相扣的情节、恐怖阴森的场景。在观影过程中,受众需要投入更多的思考和推测,才能在结局处感受更多的愉悦。正是因为同样的原因,这种黑暗紧张的基调,并不为少年群体普遍接受。大量具有付费能力的成年受众的需求,也成为部分视频网站单独开设悬疑推理类网络剧专栏的重要原因(如爱奇艺的"迷雾剧场")。

3. 科幻魔幻类网络剧与受众年龄分布

科幻魔幻类网络剧的受众年龄层普遍较低,65.5%以上的受众年龄集中在 24 岁及以下。30 岁以上的受众对于该类网络剧没有明显的选择偏好。18~24 岁的受众，依然是该类网络剧最重要的观影者。无边无垠的想象、变幻莫测的幻景法术、打破限制的万事万物，是吸引他们观影的重要因素。具体分布如图 3.7 所示。

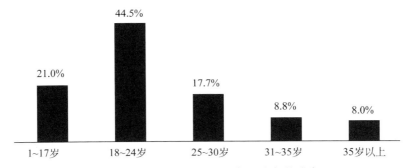

图 3.7　科幻魔幻类网络剧与受众年龄分布

科幻魔幻类网络剧可以细分为四类：科学幻想、超能英雄、玄幻魔幻、传统神话。分析受众喜欢的网络剧剧目可以发现，玄幻魔幻类的网络剧接受度最高，如《无心法师》、《灵魂摆渡》等。较为重要的原因是，玄幻魔幻类的网络剧想象力更为丰富，虚构的场景更加陌生化，而受众较少在传统电视剧中看到该类剧集，因此新奇感强烈。比起悬疑惊悚类网络剧，1~17 岁的受众更愿意选择科幻魔幻类网络剧，但依然不及他们对偶像言情类网络剧的喜欢程度。

（二）性别差异

在所考察的受众中，性别比例较为均衡，不存在明显的偏差。男女的比例为 13∶12，如图 3.8 所示。在人数方面，男性人数略微高出女性人数，其中，有男性 156 人、女性 144 人。总体而言，性别在网络剧选择倾向上的影响并不突出。

将性别和网络剧类型的喜好度，按照年龄和网络剧类型的方法赋值后排序。可以明显看到，女性对偶像言情类网络剧的偏好明显；男性则更为偏好悬疑惊悚类和科幻魔幻类网络剧。但这并不意味着男性对于偶像言情类网络剧的接受程度低，也并不代表女性受众不欢迎悬疑惊悚类、科幻魔幻类的网络剧。事实上，在网络剧的类别喜好中，性别比例相差并不悬殊。

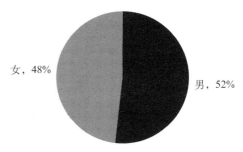

图 3.8　网络剧受众性别分布

1. 偶像言情类网络剧与受众性别结构

整体而言,偶像言情类网络剧的受众在性别方面存在的差异并不明显,男性受众选择该类剧集的比例平均为 47.3%,女性受众为 52.7%。女性受众的人数略高于男性受众。

如果将偶像言情类网络剧看作一个整体,性别在其中的影响并不明显。但是,如果进行网络剧的文本考察,分析该类剧集的主角设置,就非常容易发现,剧集中的"主导叙事者"才是影响性别因素的关键。主导叙事者,此处是指网络剧中的领导性叙事人物,整部剧集的视角、情感体验和情节设置都以他/她为中心进行。虽然每部剧都有男主角和女主角,但是在两个主角之间存在一个更为重要的主导叙事者。正是这个主导叙事者影响不同性别的受众对网络剧文本进行筛选。

男性受众偏向于选择主导叙事者同为男性的偶像言情类网络剧,女性受众倾向于选择主导叙事者同为女性的该类网络剧。剧集的主导叙事者为极富魅力的男性,女性角色在情节发展中只是处于辅助性的位置,则更受男性受众欢迎;剧集的主导叙事者为吸引人的女性,男性角色只为辅助性角色,则更受女性受众欢迎。性别之间的差异在此处表现明显。

2. 悬疑惊悚类网络剧与受众性别结构

在悬疑惊悚类网络剧选择倾向上,男性受众比例高于女性受众,男性占 55%,女性占 45%,如图 3.9 所示。引人入胜的紧张情节,是吸引所有受众的关键,同时需要注意的是,男性和女性在观看该类网络剧时,会有不同的关注点。男性偏于注重情节的逻辑性和合理性、细节的完整性;女性则注重剧中人物的外形、情感、关系等。男性期待该类网络剧为他们呈现逻辑紧密、情节紧凑的故事,带给他们惊险刺激的观看感受;女性在追求这种紧张感的同时,希望看到在极端环境下的人性和心理冲突,对于内心世界的表达更加期待。

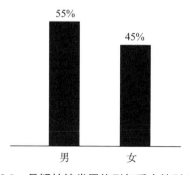

图 3.9 悬疑惊悚类网络剧与受众性别分布

3. 科幻魔幻类网络剧与受众性别结构

在科幻魔幻类网络剧选择倾向上,男性受众比例也高于女性受众,男性占59%,女性占41%,如图3.10所示。这是在三类网络剧中性别差异体现最大的类别。但是,除去男性和女性受众人数在所有被调查者中的比例,这一差异仍不明显。除了该类网络剧的主角以男性居多之外,剧集制作上的原因也是造成性别差异的重要因素。由于女性受众在艺术性和审美方面对于网络剧在视觉上的要求较高,而网络剧囿于有限的经费,很难完成这类需要大量后期制作和特效处理的剧集。男性被这类网络剧吸引,主要是因为富有想象力的情节,对画面风格的要求不太注重,因此也就能够接受这一类剧集。

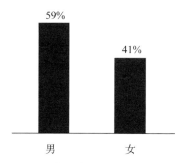

图 3.10 科幻魔幻类网络剧与受众性别分布

(三) 学历差异

按照学历结构分析网络剧受众的构成,可以发现:受众人数最多的是"高中/中专"学历,占总人数的21.3%;其次是"大专"学历的受众,也几乎占同样的比例;人数最少的是"小学"学历的受众;其次是"硕士以上"学历的受众。"初中"和"小学"学历的受众人数之和,大于"本科"和"硕士及以上"学历的受众人数之和。受众在整体上呈现低学历的态势,如图3.11所示。

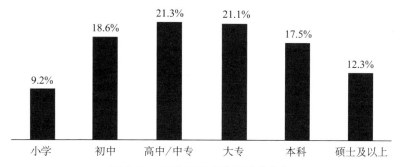

图 3.11 网络剧受众学历结构分析

对于各种类别的网络剧,受众结构在整体上呈现"中间高、两边低"的特点。受众学历以初中到本科为主。在六类学历结构中,有三类网络剧的受众中,"小学"和"硕士及以上"学历受众始终位列最末的第六位和第五位;"本科"学历受众比例始终维持在第四位;其他三类学历的受众按照网络剧不同的类型,排序随之变化。

1. 偶像言情类网络剧与受众学历结构

如图3.12所示,在偶像言情类网络剧中,"高中/中专"受众的比例最高,为21.7%;其次是"大专"受众,占比21.2%;再次是"初中"受众,占比18.7%;第四是"本科"受众,占比16.7%。"大专"及以上学历的受众比例,较其他学历的受众略高。"初中"学历受众与"本科"学历受众相比,更加偏爱该类网络剧。尽管"小学"学历受众始终是人数比例最少的人群,但偶像言情类的网络剧是他们最喜爱的类型,其中尤以青春校园偶像剧为主。其他学历结构的受众,对于各种主题情境的偶像言情类网络剧,并未表现出更多的特别倾向。这些受众的喜好较为混杂,在选择倾向方面受个体的生活情境影响较大。

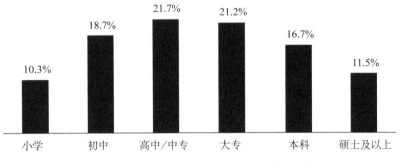

图3.12 偶像言情类网络剧与受众学历分布

2. 悬疑惊悚类网络剧与受众学历结构

对于悬疑惊悚类网络剧,"大专"、"本科"、"硕士及以上"学历受众的喜好人数,略大于"高中/中专"、"初中"、"小学"学历受众,如图3.13所示。"大专"是对该类网络剧接受程度最高的受众群体,占比23.9%;其次是"高中/中专",占比22.6%。"硕士及以上"学历的受众,在三种类型的网络剧中,对于该类网络剧的倾向性最强。与偶像言情类、科幻魔幻类网络剧相比,"小学"学历的受众对该类网络剧的喜爱程度最低。

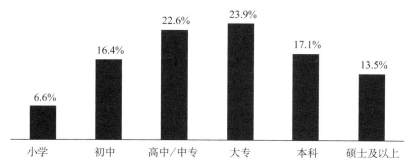

图 3.13 悬疑惊悚类网络剧与受众学历分布

3. 科幻魔幻类网络剧与受众学历结构

在科幻魔幻类网络剧受众中,"高中/中专"学历受众的人数是最多的,占比 22.9%,但其比例只是略微高于排在其后的"大专"、"初中"学历受众,他们的占比分别为 21.8%、20.0%,如图 3.14 所示。比起其他两种类型的网络剧,"本科"、"硕士及以上"学历受众对于该类网络剧的接受度不高。大部分原因是他们认为目前的科幻魔幻类网络剧缺乏科学基础,在剧情和背景设置中,与科学原理出入过大,而且可供选择的文本并不多。"初中"学历受众则在三种类型中最为偏爱科幻魔幻类。

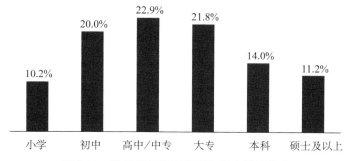

图 3.14 科幻魔幻类网络剧与受众学历分布

三、为认同付费的网络剧会员

(一) 认同的身份符号

会员是付费网络剧受众的一种身份符号。成为会员,意味着可以获得更加丰富的片库、跳过播放平台植入的广告、观影的画面质量更高(如 1080、蓝光)、使用更加流畅的播放通道等。例如,会员可以接触"仅会员可以观看"的网络剧文本；可以"抢先看全集"，或者比非会员更新速度快 2~4 集不等，而非会员只能按网站、平台的更新速度进行观看；可以观看同网络剧相关的额外剧集（如番外篇、双结局、拍摄花絮、演员访谈等）。许多网络剧播放平台都通过会员制的方式，拓展受众群体。

2020 年，诸多行业受疫情影响举步维艰，而网络剧却展示出旺盛的发展趋势。爱奇艺 2020 年第一季度的订阅会员人数为 1.19 亿，同比增长 23％，单季度订阅会员净增长 1 200 万[25]。受众作为会员的形式是多样化的。首先，可以按照时间长度选择会员类型。在网络剧的播放平台（目前以视频网站为主体）上，受众可以选择成为月度、季度、年度、终身制等会员。在会员资格有效期内，可以行使相关特殊权利。其次，受众可以按照剧目成为会员。受众可以只成为单部或多部网络剧的会员，具体的剧目由受众根据喜好决定。只有在观看这些会员范围内的网络剧时，才可以获得相应权利。再次，受众可以选择成为不同等级的会员，每个等级对应相应的权利，在提前观看的集数、适用的播放端（如电脑、手机、电视等）数量、是否可实现 VR 观看等方面均有不同。

所有的会员权利都以付费为基础。付费，在注重分享精神的网络空间中，不仅是购买行为，也不仅是消费，而是一种认同的表达。认同，是一种价值和观念的认可，是分裂的个体在精神层面的群体需求，也是对于志趣相投的文化实践给予的行动支持。

认同（identity）是当前文化研究中的一个重要概念。这一概念早期来自心理学研究。在心理学中，将认同看作个体心理期许和现实达成的一致性，个体的心理健康和幸福感来源于认同感，其中的代表人物为弗洛伊德。美国心理学家埃里克森在此基础上提出人格发展的"同一性渐成说"，认为"认同之一心理感受，来源于自我同社会环境的相互作用。自我认同和人格形成，是生物性、心理、社会等多个方面共同创造的统一体"[26]。

随后，认同这一概念被社会学、人类学等学科吸收，用以分析个体、群体、社会之间的互动关系。德赛托指出多数全体的边缘化，认为"现在边缘化已不再是小群体的问题，而成为多数群体的问题"[27]。在被边缘化和分裂的社会生活中，认同就显得尤为重要。卡斯特认为网络社会的崛起，对于认同的研究更加需要结合当前的社会语境。网络社会"对于大部分个人和群体而言，是以地方和全球的分裂为基础的"，在这种分裂中，社会权力和人体经验也在被割裂的时空当中分离开来[28]。在网络化社会中，分离是认同的基础，而这种新形式的认同感正在建构中。

(二)"为认同付费"

"为认同付费"中的"认同"具有两层内涵:一是受众对于网络剧相关内容的认同,这种认同较为直观和显性;二是受众作为网络剧支持者的文化身份认同,这种认同往往更为深层和隐性。

1. 认同与付费

受众对网络剧的认同与付费行为具有紧密联系。阿什福思和梅尔认为,认同是个人对同一性或归属性的感知[29]。受众更可能被与自身身份相似、体现自我认知中的个性化特征、与自己观点相同的网络剧吸引,由此对网络剧产生的认同,会影响受众的付费行为。受众在网络剧中感知的观念相似性越高,观看时间越长,或者参与网络剧相关社群活动的频次越高,就越倾向于产生认同感。受众对网络剧的认同感越强,为之付费的意愿也就越明显。

同时,必须看到的是,受众的这种以付费形式表达的认同是多面向的。

第一,受众通过付费,表达对原作和原作者的认同。许多网络剧都改编自流行的小说、游戏、漫画等作品。这些作品被业界和受众称为"IP"(知识产权,intellectual property),是网络剧重要的潜在素材。通常这些作品在改编成网络剧之前,就已经有大规模的受众人数、长时间的受众积累,建构的人物、情境、主题也已经为受众所熟知和喜爱。因此,在改编成网络剧之后,受众会因为对原作的喜爱和认可,转而观看改编后的剧目。成为这些剧目的会员,就意味着可以更迅速、更完整地观看受众原本就认可的文本。因此,受众在遇到由自己喜爱的文本改编的网络剧时,会更加愿意付费观看。

例如,《盗墓笔记》就被称作"10年养成超级 IP"。《盗墓笔记》本是南派三叔于 2006 年开始在网上连载的盗墓类小说,总点击量超过两亿次。次年,《盗墓笔记》实体小说和漫画相继出版,到 2011 年,实体小说"盗墓笔记"系列共出版九册。小说和漫画的读者数量都以千万计。2015 年,小说改编成网络剧,先导集在开放观看后点击量在一天之内破亿,创下当时网络剧首播纪录,成为"现象级"的影视文本。类似的还有改编自同名漫画的网络剧《笨贼一箩筐》,根据天下霸唱所著"鬼吹灯"系列改编的网络剧《鬼吹灯之精绝古城》。

> "本来书里很喜欢天真的,觉得是个比较好还原的人物,看片花的时候也觉得天真应该是最为还原的一个。结果看了前面几集,原著中机智善良的天真,在这里成了傻缺,好好看看原著行吗?原来完全不期待的小

哥,反而成了挺像小哥的小哥,情节改得面目全非就忍了。幸好大主角小哥没跑太偏,也就安慰一下了。"(受访者:巴黎初心)

第二,受众通过付费,表达对演员、导演、编剧等的认同。受众在观看网络剧时,最直观的剧情都由演员呈现。演员的外在形象和表演技巧,非常容易给受众留下印象。因此,对演员的喜爱,使许多受众成为"死忠粉"(忠诚度高的支持者)。有时,对于角色的喜爱,也会增加受众对演员的好感,使受众"路转粉"(由没印象到支持)、"黑转粉"(由反对到支持)。如果有特定喜好类型的受众,就很容易追溯剧目的导演、编剧、制作团队等,因为他们了解网络剧的制作生产并非是由演员单独完成。受众相信特定的幕后制作者的理念和倾向是与自己契合的,因此他们乐于为这些制作者提供支持。这类受众通常有更加深刻的生活思考和心理需求,对于自我的认知也更加明确。

"我肉身鉴定过叫兽(即导演——叫兽易小星)的每部剧,真心觉得好好笑,简直硬得天衣无缝,段子王,话说叫兽怎么把自己胖成徐峥的。"(受访者:小小馒头)

"冲着我们家'贺贺'(演员李易峰的昵称)来的,帅得不要不要的,我为了看他才买的会员。那次《盗墓》一口气看了十集,太过瘾了。"(受访者:*桃花源*)

第三,受众通过付费,表达对网络剧文本创意的认同。在选择网络剧时,受众并不总是带着预设偏好,在很多情况下只是被网络剧本身的内容创意所吸引,如剧中千姿百态的人物性格、悲欢离合的情节转折、异想天开的叙事背景、精美雅致的衣物服饰、引人思索的对白等。如果这些因素获得受众的认可,受众就不介意付费观看。有时候,网络剧的情节设计紧张刺激,受众急于知道接下来的故事将如何发展;有时候,男女主人公的命运曲折跌宕,受众希望看到同自己预期一样的结局;有时候,对白诙谐幽默,充满各种智慧小笑话,受众希望持续获得观影的愉悦感受。这时,受众就"不得不"选择付费以继续观看。对特定网络剧的认同,不仅意味着受众在经济上的投入,也意味着受众在心理上的投入。受众对于认可的网络剧,会主动向更多的人介绍、与更多的人分享,并会主动维护其利益和形象。

"那天吃饭的时候,正好看到油炸手那集,我去,太恶心了!特别想知道谁这么变态,就这么回不了头了,一直看了下去。从来都是找资源看剧

的,为了支持这部剧充了会员,希望导演能够越拍越好看。"(受访者:后会无期)

"我自己充了会员,支持一下正版嘛。而且我告诉你,我还会随手举报盗版,别问为什么,就是因为爱它。"(受访者:梦想还是要有的)

2. 网络剧认同与视频平台会员

受众对网络剧的认同分为内容认同和渠道认同两个阶段:初始阶段是受众对于网络剧文本产生认同;第二阶段是受众对于提供网络剧观看渠道的视频网站产生认同。这两个阶段的认同彼此促进,与内容认同相比,渠道认同更加多变和不持久。受众对网络剧文本的认同,表现出"候鸟式"、"多巢点"的视频网站会员身份特征。

"为认同付费",是大部分网络剧受众成为视频网站长期会员的主要原因。付费行为有多种模式,包括单剧点播付费、月度(季度或者年度)视频网站会员付费等。其中,单剧点播付费模式在我国主要视频网站越来越少见。如果受众认可某部网络剧,并希望获得更多的剧集内容、更高质量的画面,或者免受广告的打断,他们就会付费成为视频网站的会员。

受众对于网络剧的认同,并不会转化为对于视频平台的认同。很多时候,受众会成为"候鸟式"的视频网站会员,从一个视频平台会员转变为另一个视频平台会员,有时也会同时有多个视频平台的会员身份。因为受众为了观看喜欢的网络剧内容,很多情况下会成为多个视频网站的会员,受众喜欢的网络剧并不局限于单一剧目,更多的情况是受众有特定的类型偏好。但是,这些同类的网络剧并不会集中在一个视频平台出现,而是分散在各个视频网站。

如果一个视频网站同时是网络剧制作方,并且拥有特定网络剧的独播权,这时受众就会倾向于将认同扩展到视频平台,并成为长期稳定的会员。这也是各大视频网站投入制作和播放"自制剧"的重要原因。

非常有趣的现象是,受众对于网络剧的认同付费,并未直接由网络剧的制作方、演员或者原作者获得。更为普遍的情况是,提供网络剧观看渠道的视频平台直接获利,而且付费的额度是由会员等级决定,并非由受众自己决定。这一点延续了传统电视剧内容流行程度和收益获取的相同逻辑。视频平台播放网络剧和传统电视剧,承担单个剧目购买播放权的成本和风险,并依靠单个剧目的受众注意力,提高整个渠道的认可度和收益。

第三节　作为仪式的集体观影

一、共同在场的仪式互动

(一) 作为仪式的共同在场

美国传播学家詹姆斯·凯瑞,作为美国文化研究的领军人物之一,于20世纪后半叶提出传播的"传递观"和"仪式观"。凯瑞在其《作为文化的传播》中,将传播学经验主义研究这种以提供信息、改变态度或达成实际功能为目的的信息传达、发送,看作传播的传递观。传播的仪式观是指传播并不是一种技术或一种目的,而是一种分享、参与并形成共同体的社会过程。通过传播,参与者共享经验和信仰,并维系社会。传播的最高境界,是建构并维系一个有秩序、有意义、能够用来支配和容纳人类行为的文化世界[30]。在仪式观中,传播是创造和建构群体共享文化的过程,是将分隔的个体聚集在一起的典礼。从仪式观的角度,共同参与传播的过程,本身就具有"在场"的意义[31]。

兰德尔·柯林斯在其互动仪式理论中提出,如果两个或者两个以上的人,通过身体的在场聚集在某一场所,并且拥有共同的对象和活动,分享共同的情绪和情感体验,不管他们是否有意识地关注对方的存在,都会通过身体的共同在场互相影响[32]。经验和情感的传播扩散,促进参与者的仪式互动,从而凝聚群体,并生产社会关系符号和道德标准。可见共同的在场和共享的经验情感,创造了群体的集体认知。通过这种认知,群体得以形成和扩大。

在网络剧受众群体中,与其他人共同观看,是许多人的选择。这种共同观看,并非一种社会道德或者家庭伦理要求的共同在场,而是一种以个人爱好取向为中心的主动式共同在场。属于家庭的电视媒体,通常占据家庭公共空间的中心位置,共同观看电视节目,是家庭成员在伦理要求下被动进行的仪式性活动。许多情况下,电视节目和频道的选择,是由家庭内主导成员完成的,而其他在场的成员,具有相对较少的发言权和选择权。他们或是出于陪伴家庭成员的动机,或是迫于主导成员的压力,或是没有其他事情可做,出于各种各样的原因而保持共同在场。这种共同在场在形式上是仪式互动的状态,但在共享情感和认知层面缺乏深刻的认同和共识。

(二) 受众线下共同观影

受众在观看网络剧时不存在这种外界对于共同在场的压力和要求,是个体的主动选择,因此,在受众进行情感和意义的分享过程中,是一种随意轻松的群体氛围。网络剧受众热衷于与其他受众共同观影,这样更加"有趣"。一方面,与其他受众的交流和沟通,让他们获得群体归属感;另一方面,通过这种互动,形成更有影响力的群体文化,增加群体黏合力。在实际生活中,受众通常选择两种群体共同观影:一种是朋友、同事、同学等经常接触的人群;另一种是网络剧共同爱好者,特定的网络剧是他们共同的兴趣点和连接点。

首先,受众倾向于同日常生活中的朋友、同事、同学等具有较为亲密关系的人群一起观看网络剧。

他们在工作、学习和生活中彼此较为熟悉,而且不存在身份地位的差别和等级。共同在场观看是他们轻松的娱乐形式,也是建立和维护关系的有效方式。受众通常会在尝试多个地点后,聚集到某一较为不受打扰的场所进行观看,如休息时间的办公室、宿舍、某位朋友的住所等。除了观看网络剧外,他们还可以在此过程中彼此闲聊、放松情绪、缓解压力。剧中的情节和人物,或是彼此同在的这段时光,都会在共同观看中转变为彼此共有的经验和记忆,促进彼此的关系。

"中午休息的时候,我们部门好几个比较熟的同事,会到我们办公室来,因为我们办公室没有领导嘛,就大家一起看新更的(网络剧)。特别是搞笑的,大家一起看更欢乐。"(受访者:柔柔的肉肉)

"不加班,周末我们几个二货就到辉子家看剧,他是租的房子没电视,我们就凑在电脑前看。也不记得看了些啥了,就觉得好像回到没毕业的时候,我们那时也是挤在小锅子边涮火锅。"(受访者:诸葛亮)

其次,受众倾向于与有相似剧集偏好的其他受众一起观看网络剧。

有的受众在日常生活中接触很少,但他们在偶然的情况下,获知彼此对于某部或某类网络剧的喜好,并以此为基础,交流增多,相约在实际生活中聚会、共同观影。他们的身体同时出现在聚会的场所,并进行面对面的人际交流。他们的交流不通过其他媒介(如网络),而是直接的表达和对话。这类受众的共同在场,以物理意义和精神意义的双重分享为基础。

"我和我的'剧友们'认识就特别巧。去年快春节的时候,我去营业厅打手机账单,人特别多,我没事干就看了一会儿《太子妃》,看着看着就自己笑。后来就发现旁边还有一个人也在看,你说巧不巧,我就这样和'大猫'认识了。他现在是我们(微信)群的'老大',平时看剧都是他定的场地,每次去他都准备好点心啊、咖啡啊。最主要是能和大家一起看,一起吐槽,感觉特别好。我就一直跟着他们混了。"(受访者:我不是书生)

有的受众在生活中彼此并没有接触,只是因为对于特定网络剧的共同喜爱,才彼此相识,并建立互动。他们大多通过网络结交,如网络剧评论区、微博、贴吧、各个论坛等。在这些平台上,受众围绕共同的兴趣点讨论交流,为了实时分享自己的观点和感受,受众约定时间,分别在不同的物理空间内,进行共同观看。通过视频和音频传输设备,受众可以看到、听到对方。他们的共同在场,在物理意义上,依赖0和1的数字编码和互联网传播才能完成;在观点和意见方面,沟通和交流却同面对面的交流相差无几,个人与个人的交流、群体性的讨论都没有阻碍。身体的共同在场通过虚拟的数字化接触来实现。

"我们贴吧在《盗墓笔记》还没上线的时候,就建了。我记得当时先导集放的时候,吧里很多人约了一起看,我也参加了。后来,每次更新,我们就一起等着,像以前是小盆友的时候等着发糖。哈哈。"(受访者:一坨吐槽猪猪)

二、弹幕与虚拟共同在场

(一) 创造与再传播:弹幕的形式和内容

如果说网络剧的评论区、论坛、贴吧、微博,为受众提供了一种在网络剧之外发表评论、交流互动的方式,围绕网络实现了受众之间的共同在场,那么,"弹幕"则是融合了网络剧观看和交流讨论这两种需要,打破了"剧里剧外"的界限,实现了网络剧本身、受众之间的共同在场。

弹幕,如其最初意义,在军事中描述为枪林弹雨、重重成幕的景象。在被"迁移"到射击类游戏后,它形容其中铺天盖地的子弹密集穿越屏幕的情形。后来,正如保罗·莱文森提出的那样,"人类对新奇媒介的感觉始终不变,新媒介往往被当作玩具"[33]。弹幕又在视频观看中发展出新的形式——嵌入视频中的受众评论。

在网络剧的观看过程中,弹幕是实时播放和更新的受众评论。与其他受众评论最大的区别在于弹幕的传播形式。弹幕是同网络剧融合在一起的受众观点,这些受众在观看网络剧时的瞬间感受,可以通过弹幕播放器出现在网络剧的播放画面之中,而不是仅仅陈列在独立的发帖和回帖区域。在通常情况下,弹幕显示在网络剧画面的上方,当受众评论较多的时候,弹幕就会占据观看屏幕的大部分空间，甚至密密麻麻的评论形成一道道流动的字幕墙，将完全掩盖剧集画面，形成只见评论、不见演员的情况。弹幕具有文字、符号、表情等形式。因为是在观看过程中同时发表，故非常简单、短小。

弹幕的内容，是受众在观看过程中最直接的感受和观点。在通常情况下，弹幕内容都与网络剧内容紧密相关，是受众对于剧集的所思所感。这些受众的瞬时感受，包括对剧情的讨论和感叹、对演员的喜爱或批评、对服装布景等的讽刺、对故事发展的预测等。这类意见和观点以网络剧为基础，延展出自己的各种想象，或是更改，或是续写，或是引入另一部相关的网络剧，七嘴八舌，非常热闹。这是网络剧弹幕内容中最普遍的评论。此外，也有与网络剧内容完全不相关的受众感受。例如，受众在实际生活中的心情或情绪也许与网络剧毫无关联，但也可以通过弹幕发表。

(二) 快乐与归属感：共同在场的受众需求

首先，这种通过弹幕实现的共同观影，使受众"觉得不孤独"。

受众作为分散的个体，如果要同相识的其他受众一起观看，则需要提前相约。如果是毫无准备、随时随地的观看，最简单、便利的方式依然是独自观看。而独自观看也有一定的缺陷：不仅无法表达自己强烈的感受和情绪，也不能和其他受众一起分享和讨论，因此受众会产生一种孤独感。弹幕是即时性的评论，屏幕上的字幕墙越密，意味着观看的人就越多。当受众点开网络剧的播放链接时，大量的评论、留言与网络剧画面一起出现，应接不暇地从屏幕上方飞过，看上去就像围坐在一起的观看者在进行热烈讨论。

受众如果在社会习惯的娱乐时间之外观看网络剧，就会更加期待弹幕的出现，如工作（或学习）时间、凌晨或深夜等。在这些时间段内，社会生活都被安排好习以为常的活动，或是工作，或是休息。在这些时段观看网络剧，会被认为是对时间的浪费，或者是对自身健康的损害。在这些时段观看网络剧的受众，会有隐隐的顾虑和愧疚感。如果这时可以感觉到其他观看者的存在，对于受众来说会是破除孤立感的有效因素。

"凌晨两点以后看恐怖的（网络剧）是我的一大爱好。经常被我爸妈骂。你知道吗，不是我一个人看好吗。弹幕还热闹得很，看的人多着呢。要是有时候屏里冷清了，没人发（弹幕），我就几连发，把他们都砸出来。"（受访者：迷航—我是船长）

受众在观看比较冷门的网络剧时，也会非常期待弹幕的出现。网络剧如同其他文化产品一样,有的受关注程度高,为人们津津乐道;有的知者甚少,喜欢的人寥寥无几。当受众在观看某部相对冷僻的网络剧时,就期待有同样品味和感受的受众与自己一起分享。一方面,受众可以排除因此产生的"不合群"、"奇怪"等担忧;另一方面,如果获得其他受众在选择网络剧文本方面的认同和支持,可以增加受众对于自我的认可和肯定。弹幕的存在,因此成为一种积极的鼓励和肯定。

"有弹幕的时候,就觉得自己的品味也没那么奇怪,看到大家都在看,安心多了。毕竟和我一起喜欢这部剧的人还是很多的嘛。"(受访者:方形的手)

其次,这种通过弹幕实现的共同观影,受众认为"更加好笑有趣"。

网络剧文本最明显的特征之一,就是有趣、令人发笑。受众在观影过程中,欢乐是共同的期待。这种期待既是一种共识,又是一种实践。弹幕的内容完全由受众生产,而网络剧受众惯于用戏谑的语气调侃一切,不管是痛苦,还是烦恼,经过受众对于文本的再次诠释,都显现出幽默有趣的基调。

即时、有趣的点评,与网络剧叙事发展相互呼应、彼此促进,因此呈现出更加丰富的层次和角度,增加了网络剧的趣味性。有些相对严肃、并不以有趣为主的文本,经过受众在弹幕中的迁移想象,结合撒娇卖萌的表达,也可以风趣搞笑。弹幕中机智的再次创造,成为部分受众在观剧时不可或缺的一部分。

"都是就着弹幕一起看吧。好比吃薯条不加番茄酱,有什么意思。"(受访者:小猫不吃鱼)

"弹幕和朋友圈有点像,还不用加来加去。你想想,还有什么比和一群逗逼朋友一起侃大山更有趣的事情呢。"(受访者:电路不通)

再次,这种通过弹幕实现的共同观影,受众认为"是倾诉和表达的方式"。

弹幕允许受众发表同剧集完全无关的意见不管是正面的,还是负面的,只要是受众希望表达的评论和情绪,都是被接受的。这些意见和评论,可以关于受众的个人生活,可以关于社会、国家时事,可以是受众自创的表达符号。例如,"222222"表示的是哈哈大笑;也可以是毫无意义的"u%^**♯$@♯!)"等乱码符号。对于受众而言,所有这些表达也许并不具有实质性的信息参考作用,但单是这种公开性的倾诉和宣泄,就给予受众表达的渠道和平台。受众可以畅所欲言,并且会被共同观影的其他人看到。对于受众而言,这就是共同观影中弹幕的作用。

此外,受众积极主动的表达体现"参与性文化"的内涵。这种参与性文化受益于媒体技术的发展,特别是社交媒体等新媒体的迅速发展,即便是普通公民,"也能参与媒介内容的存档、评论、挪用、转换和再传播"[34]。对于网络剧文本的再创造和再传播,不仅是受众自身感受的展示,更是受众文化需求的表达。

"大家都是随便说啥吧,我基本是支持我喜欢的演员啊,要不就吐槽我们老板,实在没啥要说的,我就发个我自己做的表情。我做的表情很火的!大家都抢着要,很有存在感的。"(受访者:快乐一夏)

第四节 网络剧虚拟社区

一、虚拟社区

20世纪末,面对互联网定义的新的人类交往方式和疆域,莱恩格尔德提出"虚拟社区"(virtual community)的概念[35]。虚拟社区指互联网上出现的社会群体,在这些社会群体中,人们经常讨论共同感兴趣的话题,并以此为基础建立群体成员之间的情感交流,从而形成与现实生活中人际关系一样的交往网络。虚拟社区不仅具备过去传统社会学上社区的特性,而且是一种存在于人际间的网络式连带,社区内成员彼此交流,并实现社会化、相互支持、信息交流、团体归属感及社会认同等功能[36]。威尔曼和古利亚在他们的的研究中提出,对于人际交往的强烈需要,已经成为现代人的重要特征。寻找信息固然是人们使用网络的目的,但更重要的是寻求情感支持和归属感[37]。

传统的社区定义注重地缘或血缘关系,新的社区定义认为社区的界限不应受到地理位置的限制。应该看到,无论是传统社区,还是新出现社区的形式,都是与人们之间的互动紧密相联的。没有互动,就不可能形成任何群体和组织,更不用说社区。

约翰·哈格尔和阿瑟·阿姆斯特朗在他们的《网络利益》一书中指出,所谓虚拟社区,就是一个供人们围绕某种兴趣或需求集中进行信息交流的地方,它通过网络以在线方式来创造社会和商业价值。这种观点的核心在于,虚拟社区是由具有共同兴趣及需要的人们组成,他们可以借助网络,与想法相似的陌生人分享一种社区的感觉。他们依据人的基本需求将其分为四类:分享共同爱好的兴趣型社区;分享经历并建立社会关系的关系型社区;在幻想环境中探索和娱乐的娱乐型社区,主要体现为网络游戏;通过网络进行交易的事务型社区[38]。

一些社会学家的研究表明:强烈的人际交往的需要已经成为现代人的特征。威尔曼和古利亚认为,人们使用网络不仅为了寻找信息,更是为了寻求情感支持和归属感[39]。吉尔·史莫洛威于1995年也指出,80%的网上冲浪者是为了寻找沟通、共性、同伴和集体感[40]。

虚拟社区建构在以互联网技术为基础的网络社会中,它打破空间和时间的界限,使现实生活中分散在各个区域的人,通过网络连结成一个共享信息、联系密切、有情感交流的群体。而社区中的每个参与者,都成为信息和情感流动过程中必不可少的节点。与传统的社区相比,虚拟社区最为重要的特点是它在精神上继承了共同体的共享精神。

二、网络剧虚拟社区的形成

网络剧虚拟社区包含与网络剧相关的所有在线观影、评论、互动、信息发布等平台。在虚拟社区中,受众进行各种观点和意义的交换讨论。对于大多数受众而言,网络剧文本意义生产在虚拟社区互动中不是单独的、个人的过程,而是社会的、开放的过程。

以《隐秘的角落》为例,围绕该网络剧,受众形成一个涵盖官方视频网站和第三方话题讨论平台的虚拟社区。《隐秘的角落》是爱奇艺制播的悬疑推理类网络剧,于2020年6月上线,一度在受众点播率、受众口碑、社会讨论热度等方面成为网络剧的代表性文本。《隐秘的角落》受众虚拟社区涉及多个论坛、视频分享平台,其中以爱奇艺官方平台(网站和手机APP)及新浪微博、百度贴吧、抖音为代表,如图3.15所示。

在虚拟社区中,受众主要对《隐秘的角落》的情节、人物、演员等进行评论。此外,受众还进行原著小说的推荐,分享对原视频和画面进行的剪辑和再创作,或者发起相关活动。受众在虚拟社区互动中,通过发文、评论、点赞、提问、回答等形式,来发布、分享和讨论与网络剧相关的观影体验、心得、意见等,产生大量的内容。

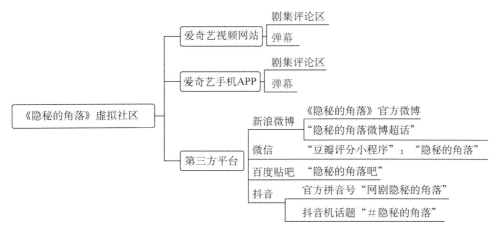

图 3.15　网络剧《隐秘的角落》虚拟社区构成图

截至 2020 年 10 月 22 日,《隐秘的角落》在爱奇艺视频网站分视频播放"评论"区,共有 117 471 条评论。第三方视频评价和讨论论坛内容数据统计如下:①新浪微博。网剧《隐秘的角落》官方微博,发帖数 170;新浪微博超话(微博超级话题)"隐秘的角落超话",发帖数 6 670,阅读量 2.9 亿。②微信"豆瓣评分小程序","隐秘的角落"短评 263 788 条。③百度贴吧"隐秘的角落吧",发帖数 327 023。④抖音。《隐秘的角落》官方抖音号"网剧隐秘的角落"粉丝 29.3 万,获赞 371.8 万次;抖音相关话题"♯隐秘的角落"共有视频 5.4 万个,播放次数 44.6 亿。

网络剧虚拟社区的参与者不仅仅是受众,也包括制播方、演出人员、小说原作者等。社区成员进行互动的基本过程,可以抽象为社区发帖(包括原创和转发),或浏览社区发帖、对发帖内容进行选择,产生参与式互动行为(回帖、点赞、转发等)。网络剧虚拟社区互动过程,其实是一个参与者发表观点、群体讨论形成主流意见、参与者保持或者修订原观点的循环过程。社区成员也通过观点和意见的相互交流紧密联系起来。

三、网络剧虚拟社区的关系构建

网络剧虚拟社区打破地缘限制,为原本散布在互联网上毫无关联的受众,不仅提供了一个集体狂欢的广场,也提供了一个分享、交流、共享经验的平台。以共同观影为代表的网络剧社区活动,结合影音直播和实时讨论,让群体成员更加融入社区。此外,鉴于数字技术的发展,网络剧虚拟社区的载体不断丰富,包括视频网站的评论区、社交媒体平台、实时通讯软件等多种形式。

网络剧虚拟社区借助网站、手机应用等方式设定一定的活动区域,以满足社区成员围绕网络剧展开讨论和交流的共同需求为初衷,促进社区成员共享资源和信息。网络剧虚拟社区历经发展,已经形成独特的社区文化,并在社区成员的共同创造中,逐步形成心理情感认同和价值认同。

(一)交流互动

正如德国著名社会学家齐美尔提出的那样,社会是一个过程,一种具有意识的个体之间互动的过程,正是人与人之间的互动,才构成现实的社会[41]。随着人们之间的交往不断积累,从而彼此影响、彼此依赖并结成较为固定的群体时,也就出现了社会形成的基础。概括而言,正是"你"和"我"之间的交往使社会成为可能。若对社会的概念做最精要的理解,那么,社会就是个人之间心灵上的交互作用[42]。社会在人们的交往中产生、维持、延续和发展。虚拟社区的形成,亦是依据同样的基础。

人们的交流互动到社区的形成,这一过程在卡拉·萨莱特看来,需要具备两个条件:首先,这种互动要帮助成员完成自我的建构,获取个体身份,并形成个体在群体中的自我认同;其次,这种互动要维持和促进社区的核心价值,建立成员共享的行为规范和价值观,并且可以有效控制违反社区秩序的行为[43]。

网络剧以网络科技的迅猛发展为支撑,不仅改变着受众的观影方式,也改变着人与人之间沟通、互动的方式,进而影响着社区群体的组织、运行模式。在现有的网络剧社群中,尽管其社群成员大多数彼此之间素昧平生,但是他们以网络剧为中心,有着共同的焦点,分享各自的情感与感受,具有高度凝聚力。

一方面,对于个人而言,对于网络剧的讨论,不仅是自我表达的需要,也是自我认同的需要。每位受众对于剧集都会有独特的评价和观点。在虚拟社区中进行公开的意见表达,并与其他成员互动交流,很大程度地满足了受众自我表达的情感需求。如果在讨论之中遇到其他同自己观点相近的社区成员,受众将获得更大的情感满足,并进一步确认自我。另一方面,对于整个社区而言,通过社区成员的意见表达和集体讨论,可以设置社区中的主要议程,塑造群体的共同关注。正是在不断的交流互动中,网络剧虚拟社区建立起成员共同的价值观和行为规范,成为维系社区的基础。受众在网络剧社区的"仪式性空间"[44]中,不仅建立起与导演、演员等文本生产者的链接,也有机会通过他们在社群中的参与,特别是个性化的观点和评论,来展示自我、获得认同。

(二) 共同经验

传统意义上的社区,一般由地缘或血缘关系决定,而数字时代的社区便捷地克服了地理位置的限制。值得注意的是,无论是传统社区,还是新兴的虚拟社区,实质上都是围绕人与人之间的交往建立起来的,都是与社区成员之间的共同经验密不可分的。共享的经验是群体和组织生成、建构的核心支撑之一,这对于具有高度凝聚力的社区而言更为明显。

当代生活中,人与人的疏离与区隔成为生活的常态。成千上万的人为了共同的兴趣而聚集,一起经历某个时间段,或共同欣赏和解读某个文化产品,这对于已经习惯距离感的现代人来说是难以实现的。而在网络剧社区中,数以万计的受众同时观影并互动,不仅分享社区成员的共同经验,也为普通寻常的影视剧观看平添了仪式感。

为了实现这种传播仪式感,营造"大家一起看这部剧"的氛围,增强受众共同观影的心理感受,技术支持必不可少。当前的即时通讯技术和影音播放技术,可以使身处各地的观众实时获得他人的观点意见、群体的舆论状况。在网络剧播放的同时,新浪微博、百度贴吧、视频网站等平台均可供受众实时讨论,这也是网络剧社群产生连接的重要技术基础。

以弹幕为代表的虚拟共同在场,实现对作品评价的集体表达,促进观看者之间的经验分享和互动。

虚拟的共同在场,不仅将独立的个人经验变成共享的集体经验,而且将个人情感转变成集体情感。屏幕前的受众能够分享其他人的观点、意见、态度,尽管对于某个网络剧文本的看法会不尽一致,但共同观看和讨论的这一过程,会让受众找到归属和认同感。个人的记忆也将成为群体的记忆。原本分离的个体进入虚拟社区后,使个人性和私人化的情绪与感受在群体中表达和流动,逐渐转化为群体共享的情感观点。

(三) 意义共享

意义,是群体共享价值的基石,也是重要的群体认同机制。纷繁复杂的图像和声音符号,表征"符号化的日常生活"[45],其中隐喻的意义只有到达受众并经过解读后才能产生意义。

网络剧所呈现的各种视觉符号,在一开始并不具备固定的意义,而是由受众在讨论交流的过程中逐步赋予。有别于传统电视剧,网络剧的意义赋予主体更加多元——电视剧的意义一般由制作方构建,单个受众完成解读;网络剧的意义则是由制作方、作为个体的受众、作为群体的受众共同参与完成。一方面,受众直接参与网络剧文本生产,影响文本意义的构建;另一方面,网络剧表达的意义内涵,受众融入个人经验后,经过集体讨论,产生全新的解读。

不仅如此,在网络剧虚拟社区中,围绕剧集衍生出大量具有特定意义的符号,如为剧中主角所起的昵称。以网络剧《老九门》中的男主人公张启山为例,因其在剧中有胆有识、铁汉柔情,在受众的社区讨论中他被冠以别名"大哥",很受推崇。此外,社区还会产生出特有的表达情绪的缩略词或表情、对某种行为的态度、为某项一起参加的活动所取的代号等。这些都是社区成员合力建构的意义符号。如果不是熟悉社区的人,将无法诠释这些话语的内涵。

这些意义符号也是社区身份认同机制的重要组成。理解这些符号的意义,可以增加社区成员彼此的认同。作为坚定的维护者和传播者,社区中的活跃成员对于这些潜在意义了然于心;群体外部人士对这些符号较为陌生,一时难以加入社区内部的对话,因此也很难与其他社区成员产生共鸣、进而融入社区。只有理解和接受这些社区共创和共享的潜在意义时,才能为特定的社区所接纳。

(四)文化共识

网络剧虚拟社区在交流和互动中,产生特有的文化共识和群体价值观念。这些共识和观念又与网络剧文本的特征紧密地联系在一起,主要体现为自由平等的讨论环境和不受社会习俗约束的观念。

网络剧虚拟社区建立在讨论、文化构建和文化共识的基础之上,并以此维持发展。被不断提出、争议和妥协的相关文本在这里被赋予不同的阐释和评价,这些阐释和评价通常会体现狂欢式的"第二种生活"期许。这些社区成员的期许和约定俗成的行为规范,塑造着对网络剧文本的意义解读,也塑造着受众个体对于社区的认同和投入。

对于网络剧的评论,受众密切关注剧集情节叙事的细节,并将个人知识和文化能力融入批判性的评论和阐释,并非简单的情绪陈述。受众倾向于用个性化的形式实现自我表达,强调他们拒绝屈从于"俗世"的社会准则,也拒绝屈从于他们自己社群中流传的种种不同解读方式[46]。但是,对于一些微妙的指向社群整体文化价值取向的讨论,社区成员往往积极参加讨论,共同协商构建行为规范。这些讨论和规范进一步塑造个体受众的观念,使个体的评价与社区群体性理解趋同。

网络剧社区是开放性社区,对于新成员和内容的加入往往接纳度很高。例如,对于新成员的加入,社区老成员会发起欢迎。但是,个体受众的加入依然会需要经历社会化的过程。个体受众融入网络剧社区的社会化过程,始于对网络剧的喜爱,其次是学习社区的文化规范,学习如何运用并理解这个群体的特定解读和常规取舍。

（五）网络剧虚拟社区成为共同体的实践探讨

依托网络技术的进步,基于政府、网络剧生产者、创作者、观影者多方合力,网络剧迅速发展,也因此催生了网络剧虚拟社区的产生和壮大。在网络剧虚拟社区中,社区成员超越物理限制,通过实时的交流和互动,构建经验共享、意义共享、文化共识的社区关系。这种关系也循环推动整个社区的拓展和维系,网络剧虚拟社区到共同体的实现路径如图 3.16 所示。

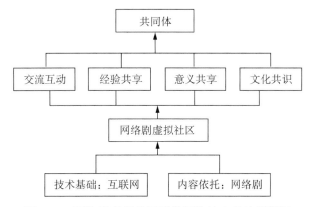

图 3.16　网络剧虚拟社区到共同体的实现路径简图

因此,一个最初以兴趣为起点的虚拟社区,经过社区成员的共同创造,逐渐演变为具有共同需求、价值认同、心理情感认同的共同体。网络剧虚拟社区打破物理空间界限,使无远弗届的社会交往和合作成为可能,正在不断实践共同体的构建。

那么,在新的媒介生态环境下,以网络剧为核心形成的共同体,对于整个大众文化的发展会产生怎样的影响?未来,网络剧共同体的发展方向又将如何?技术和政策是否会因为这个共同体而发生改变?网络剧虚拟共同体是否会为社区研究提供新的参考?这些问题都值得进一步思考和讨论。

本章参考文献

［1］周勇,黄雅兰.从"受众"到"使用者":网络环境下视听信息接收者的变迁.国际新闻界,2013,2:29-37.

[2] [英]丹尼斯·麦奎尔.刘燕南译.受众分析.北京:中国人民大学出版社,2006,158.

[3] [英]阿雷恩·鲍德尔温.陶东风译.文化研究导论(修订版).北京:高等教育出版社,2014,370-371.

[4] [英]安东尼·吉登斯.李康,李猛译.社会的构成——结构化理论大纲.北京:生活·读书·新知三联书店,1998,224-227.

[5] [英]戴维·莫利.电视、受众和文化研究.史安斌主译.北京:新华出版社,2005,120.

[6] [英]戴维·莫利.传媒、现代性和科技:"新"的地理学.郭大为等译.北京:中国传媒大学出版社,2010,309.

[7] George Myerson. *Heidegger, Habermas the Mobile Phone*. London:Icon Books UK,2001,1-4.

[8] Kopomaa, Timo. *The City in Your Pocket: Birth of the Mobile Information Society*. Tampere, Finland:Yliopistokustannus University Press, 2000,10-12.

[9] [英]克里斯·巴克.孔敏译.文化研究:理论与实践.北京:北京大学出版社,2013,360.

[10] 中国互联网络信息中心(CNNIC).第45次中国互联网络发展状况统计报告.2020,4:14,19.

[11] 匡文波.手机媒体的传播学思考.国际新闻界,2006,7:28-31.

[12] 张咏华.一种独辟蹊径的大众传播效果理论——媒介系统依赖论评述.新闻大学,1997,1:27-31.

[13] [美]弗雷德里克·杰姆逊.唐小兵译.后现代主义与文化理论.西安:陕西师范大学出版社,1987,192.

[14] Katz, E., Blumler, J. G., Gureviteh, M.. Utilization of mass communication by the individual. Blumler J. G., Katz E.. *The Uses of Mass Communications: Current Perspectives on Gratification Research*. Beverly Hills:Sage,1974,43-57.

[15] Romanyshyn, Robert. The despotic eye and its shadow:media image in the age of literacy. David Michael Levin. *Modernity and the Hegemony of Vision*. Berkeley and Los Angeles, California:University of California Press, 1993, 345.

[16] Warner, W., Lloyd, Henry, William E.. The radio day-time serial:a symbolic analysis. *Genetic Psychology Monographs*, 1948, 37:3-71.

[17] Katz, Elihu, Foulkes, David. On the use of the mass media as "Escape":clarification of a concept. *The Public Opinion Quarterly: Journal of the American Association for Public Opinion Research*, 1962, 26(3):376-388.

[18] [英]丹尼斯·麦奎尔.刘燕南译.受众分析.北京:中国人民大学出版社,2006,87.

[19] [英]戴维·莫利.史安斌译.电视、受众和文化研究.北京:新华出版社,2005,157-181.

[20] [美]斯坦利·J·巴伦.刘鸿英译.大众传播概论:媒介认知与文化.北京:中国人民大学

出版社,2005,20.

[21] Leo Calvin Rosten. *Hollywood: the Movie Colony, the Movie Makers*. New York: Harcourt Brace, 1941, 28.

[22] 郑兴东.受众心理与传媒引导.北京:新华出版社,1999,40.

[23] Raymond Williams. *Culture and Society*. London: Chatto&Windus, 1990, 300.

[24] 中国互联网络信息中心(CNNIC).第39次中国互联网络发展状况统计报告.2017,1:39.

[25] iQIYI Announces First Quarter 2020 Financial Result. https://www.prnewswire.com/news-releases/iqiyi-announces-first-quarter-2020-financial-results-301060858.html. 2020-5-18.

[26] [美]埃里克·H·埃里克森.孙名之译.同一性:青少年与危机.杭州:浙江教育出版社,1998,120-126.

[27] [法]米歇尔·德·塞托.方琳琳,黄春柳译.日常生活实践1:实践的艺术.南京:南京大学出版社,2009,37.

[28] [美]卡斯特.曹荣湘译.认同的力量.北京:社会科学文献出版社,2006,10.

[29] Ashforth, B., Mael, F.. Social identity theory and the organization. *The Academy of Management Review*,1989,14(1):20-39.

[30] [美]詹姆斯·W·凯瑞.作为文化的传播——"媒介与社会"论文集.北京:华夏出版社,2005,7.

[31] 郭建斌.如何理解"媒介事件"和"传播的仪式观"——兼评《媒介事件》和《作为文化的传播》.国际新闻界,2014,4:6-19.

[32] 兰德尔·柯林斯.林聚任,王鹏,宋丽君译.仪式互动链.北京:商务印书馆,2009,86.

[33] [美]保罗·莱文森.何道宽译.莱文森精粹.北京:中国人民大学出版社,2007,5.

[34] [美]亨利·詹金斯.昆汀·塔伦蒂诺的星球大战——数码电影、媒介融合和参与性文化.杨玲译,陶东风主编.粉丝文化读本.北京:北京大学出版社,2009,107.

[35] Howard Rheingold. *The Virtual Community: Homesteading on the Electronic Frontier*. Boston: Addison Wesley, 1993,4.

[36] 刘丽群,宋咏梅.虚拟社区中知识交流的行为动机及影响因素研究.新闻与传播研究,2007,1:43-51,95.

[37] Wellman, B., Gulia, M.. Net surfers don't ride alone: virtual communities as communities. Marc A. Smith, Peter Kollock. *Communities in Cyberspace*. London: Routledge, 1999, 167-194.

[38] [美]约翰·哈格尔三世,阿瑟·阿姆斯特朗.王国瑞译.网络利益——通过虚拟社会扩大市场.北京:新华出版社,1998,20-25.

[39] Wellman, B., Gulia, M.. Net surfers don't ride alone: virtual communities as

communities. http://www.sscnet.ucla.edu/soc/csoc/cinc/wellman.html.2020-3-6.

[40] Smolowe, Jill, Bloch, et al.. Intimate strangers. *Time*, 1995, 20-24.

[41] [德]盖奥尔格·西美尔.林荣远译.社会学——关于社会化形式的研究.北京:华夏出版社,2002,55.

[42] [德]盖奥尔格·西美尔.林荣远译.社会学——关于社会化形式的研究.北京:华夏出版社,2002,239.

[43] Surratt, Carla G.. *Netlife: Internet Citizens and Their Communities*. New York: Nova Science Publisher Inc., 1998, 130.

[44] Couldry, Nick. *Media Rituals: A Critical Approach*. New York and London: Routledge, 2003, 130.

[45] [美]尼古拉斯·阿伯克龙比.张永喜译.电视与社会.南京:南京大学出版社,2001,1.

[46] [美]亨利·詹金斯.郑熙青译.文本盗猎者:电视粉丝与参与式文化.北京:北京大学出版社,2017,84.

第四章
受众观看网络剧的快感分析

第一节　网络剧的受众快感：多义性快感

一、个体、文化、社会中的快感

　　构建快感[1]（pleasure，亦译作快乐）在社会和文化中的作用理论体系，这类尝试屡见不鲜。对于快感的讨论，早在古希腊关于何为对错、善恶的伦理学争辩中，就已经作为一个深刻的话题出现。在先哲云集的古希腊，"快感"同指象征爱与美的女神阿佛洛狄忒[2]。与阿佛洛狄忒式相关的各种欲望、活动、身体快感都被囊括在这一表述中。而当时的主流思想、伦理标准的立法者普遍对快感持否定态度，认为快感只是一种生理层面的愉悦，这种愉悦有违追求理性崇高的已有价值谱系，并且蕴藏着破坏社会秩序的潜在危险。理性主义伦理是社会思想和生活的指导。理智，才能使世人更加接近善，是远远优于快感追求的更高要求。随后，对于快感的辩论延伸到美学、心理学、社会学等各个层面。

　　从"美学式"的角度来看，快感是一种关于审美的规范。美感，纯粹崇高，是来自精神和心灵层面的深刻愉悦；快感，肮脏粗俗，仅仅是一种肉体层面的简单刺激。快感与美感的渗透和界限，是西方美学界确定审美标准的重要参照。柏拉图在《斐莱布篇》中，借助斐莱布与苏格拉底就哪一种善比较大进行的对话，阐述了他关于智慧与快乐的观点。在他看来，理性的心灵高于一切感官的快乐。尽管"那些由于颜色、图形、大多数气味、声音而产生的快感是真的"，而且柏拉图也认同这些事物的美感，"但它们与其他大部分事物不一样，大部分事物的美是相对的，而这些事物的本质永远是美的，它们所承载的美是它们特有的,与瘙痒所产生的快乐完全不一样"[3]。如同德谟克里特提倡的那样,人要追求灵魂中的善,以获得某种更加神圣的东西,而对于肉体快感的追求只会使人幻灭。亚里士多德也提倡这种审美的纯洁性,他认为在纯洁性方面,视觉高于触觉,而听觉与嗅觉又高于味觉,"各种快乐同样以其纯净性相区别。思维的快乐就比一切更为纯洁,而其他各种快乐也不相同"[4]。康德则认为,关于美的判断,不应该是偏心和涉及利害的,而是一种纯粹的精神层面的鉴赏判断[5]。关于身体的快感,相对于美感而言,是非理性的、丑陋的。

从"政治性"的角度来看,快感代表权力的更迭和颠覆。在西方现代文化思潮的影响下,先前否定快感的、理性至上的意识形态受到挑战。作为人自身的本性诉求,在这种思潮之中备受提倡,支持者众多。尼采批判了柏拉图对于身体快感的压抑,认为其对肉体和生理快感的抵制是一种对于现实世界的否定。这个现实世界,相对于柏拉图孜孜以求的永恒的真理世界而言,是变化不定而毫无意义的。尼采从肯定身体开始,肯定快感。他感叹道:"我们的感官是多么精致的观察工具呵!"[6]对感官的肯定,代表尼采对于古老世界观的挑战。在尼采之后,法兰克福学派主要代表人物马尔库塞更是直接指出,这种文明对于快感的压制,实质上根源于不合理的社会制度。在现代社会中非自由的劳动阻碍了快感获得的解放,"连续的、压抑性的本能组织之所以必须存在,与其说是为了'生存斗争',不如说是为了延长这一斗争,即为了延长统治"[7]。建立一种新型的社会关系和社会制度,才是解放快感的途径。

从"话语式"的角度来看,快感是一种围绕意义的创造。在《文本的快感》中,罗兰·巴特对快感进行了著名的结构主义区分,即狂喜和快乐[8]。狂喜,意指极大的快感、忘我的喜悦、极度兴奋的感受。它是一种身体的快乐,发生在文化崩溃、人的自然状态回归的时刻。原本由社会性建构控制和治理的自我,丧失在这种感官狂喜之中。自我作为意识形态生产和再生产的场所,丧失自我就代表对于意识形态的躲避。这种自我丧失的状态,使人不舒服和厌烦。因为读者在这种"以身体来阅读"的隐喻当中,以身体的生理感官回应文本的"身体",他们关于社会文化、历史心理等方面的信念在阅读中产生动摇,与之勾连的价值观、情趣审美、记忆惯性等态度也随之摇摆不定。由此,使主体和语言之间的关系产生某种危机。狂喜,在某个阅读时刻,发生在读者的身体之内,创造了一个崭新的、暂时性的、生产性的身体。这个身体只属于读者本身,并且藐视一切陈规意义。快乐,主要源于文化,是在文本阅读过程中产生的一种满足和快慰。快乐与文化意义的认同紧密联系,是一种社会归属的隐喻。对于已有意义的接受和内化,为阅读文本提供了极大的安慰,而非抵触情绪。

从"心理学"的角度来看,快感是一种生命的本能需求。精神分析学派创始人弗洛伊德就是这一观点的支持者。弗洛伊德认为,快感强烈肆意、毫无顾忌,总是让人心潮澎湃。快感,是内心中不受社会规范羁绊的脱缰野马。追求快感是人类心灵的本能。在弗洛伊德提出的"快感原则"(The Principle of Pleasure)中,快感是一种本我的自然驱动力,是自我得以存在和维持的基本需要。快感虽然受到"现实原则"中社会规范和道德伦理的种种限制,但是它持续性地作用于个人的心灵发展。快感冲破人类文明的藩篱和窠臼,将精心构建的文化转变为自然。这种自然代表生命的本能需求——追求快感,正如他所言之"决定生活目的的只有快乐原则的意图"[9]。如果运用社会伦理对这种自然的、本能的快感进行道德批判和约束甚至禁忌,将会导致心灵的失衡和焦灼,从而引发精神的失常。

从"社会规训"的角度来看,快感是话语规训支配和规避支配的矛盾场域。性和快感,都受到复杂的话语和权力规训的支配。在维多利亚时期,社会企图控制所有由性产生的身体快感。儿童、女性、同性恋等的性快感都由各种医学、法律、伦理进行规训和限制。而生育本身也被国家冠以人口管理的名义进行监督和管控。以性为代表的快感,普遍是被压抑的。工厂、学校、军队都有一整套微观的处罚制度,辅助规训的实施,涉及"时间、活动、行为、言语、肉体、性"[10]。从压抑和规训的角度来进行性的讨论,是因为存在一种"支柱",那就是我们可以自由地反对现存的权力规训,"说出真理,语言极乐,将启蒙、解放与多重的快感联系在一起,创造出一种新的话语,将求知的热情、改变法规的决心和对现实快乐的欲望紧密结合起来"[11]。快感通过对于规训的挑战和躲避而获得合法性。

恰如费斯克在其《理解大众文化》中所说的那样,将快感进行理论化的尝试,尽管看起来参差复杂、相去甚远,但是所有的这些角度或尝试都是二元论的,将快感简单划分为两个抽象的范畴。理论家对其中的一方面大为赞赏,对另一方面则横加指责。在"美学式"的二分法中,高雅、纯洁的审美俯视低俗的愉悦;在"政治性"的二分法中,体现社会关系中颠覆的快感;在"话语式"的二分法中,遵循伦理规范的意义带来宽慰,创造生成新的意义产生不安;在"心理学"的二分法中,精神的快感被提倡,肉体的快感被抑制;在"社会规训"的二分法中,主宰阶层施加权力的快感,相对被主宰阶层规避权力的快感。费斯克"承认快感是多义性的,并能够采取相互抵触的形式",但他"更愿意集中探讨那些抵抗霸权式快感的大众式的快感",而且他明确表示,更加支持在以上划分方式中通常被贬损的那一方[12]。

二、符号、意义、传播中的快感

快感,根据《关键概念:传播与文化研究辞典》的注解,直到20世纪80年代,都是传播与文化研究中比较容易被忽略的概念。快感的通常解释是"对那种觉得想要或使人满足之物的预期与欣赏"[13]。此后,快感和社会、意识形态、话语权利的勾连,引发大量的研究兴趣。受结构主义和符号学的影响,传播研究中倾向于对文本进行理性化和逻辑化的解码分析。这种分析并未将快感置于社会生活的情境之中,考察读者的欲望释放和压抑等因素。因此,文化研究中的快感讨论,越来越多地开始分析文本类型和引发的快感特征之间的联系、社会对于快感的制度化规训、文化监管因素对于快感的影响。例如,费斯克对大众文化产生的快感、电视文化的快感进行详细讨论,重点强调大众的抵抗性与创造性的文化快感;劳拉·穆尔维从女权主义的视角探讨快感的社会化再生产,分析对于女性身体的凝视快感和投射在男权社会中的男性心理;弗雷德里克·詹姆逊将快感结合传统主题、现代性和后现代性文化研究话题,讨论新的文化生产和政治对抗的场域和形式。

自传播学的奠基人之一拉斯韦尔提出大众传媒的三种功能后,研究者从侧重社会发展中的环境检测、协调社会、传承文化的这三个功能,逐步转向关注大众传媒对于个体的作用,以及对于满足个体心理满足的探究。

20世纪60年代,英国著名实验心理学家威廉·斯蒂芬森,从人类主观心理世界的视角进行传播研究。斯蒂芬森指出传播的游戏性质,他在其《大众传播的游戏理论》一书中,将人类的行为归属为工作和游戏两大类别,分别对应工作性和游戏性两种传播。其中工作是谋生的手段,有被迫完成任务的潜在情绪,因此工作性的传播依据"传播-无快感"(communication-unpleasure)的心理路径;与之相反,游戏只是为了提供自我满足,游戏性传播轻松愉快、毫无负担,产生"传播-快感"(communication-pleasure)。传播并非主要作为一种无快感的功利性工具存在于生活中,在"游戏的人"看来,所有的传播活动和媒介,都可以被视作自我取悦的玩具。从游戏中人们获得愉悦感和满足感,并在精神上暂时逃离社会控制。

20世纪70年代,美国社会学家查尔斯·赖特以开创新性的视角,对大众传播的功能作了影响深远的补充,认为其具有第四种功能,即满足受众娱乐渴求心理的功能。传播具有工具性和娱乐性,可以满足不同层次的需求,而娱乐需求就是其中重要的组成部分。受众借助传播进行消遣娱乐,获得快乐和愉悦的精神感受。娱乐令人获得快感,并暂时获得一种不受现实社会约束的轻松感。

20世纪80年代,传播和文化研究学者费斯克出版了《电视文化》一书,书中重申快感、意义和传播在文化中的重要作用,并认为这三个因素是社会结构最基本和不可或缺的部分,三者彼此纠缠、盘根错节,共同形成社会文化体系的核心。文化是一种不断变化和构建的社会结构,经由意义和快感的持续创造和传播,对社会成员产生影响;同时,在这一过程中为人们划定意义和快感的规范。这些规范是社会经济、政治、阶级等社会体系的支撑。大众传播将这些意义符号化以后进行大范围的扩散,而大众受社会因素的影响,会对这些符号赋予不同的意义,并获得各异的快感。

进入21世纪后,继以文化研究著名的《达拉斯》《加冕街》《东区人》等肥皂剧和受众、社会、文化关系分析之后,英国学者索尼娅·利文斯通延续"能动的受众"理念,整合心理学、传播学和文学批评的理论框架,从社会心理学的角度归纳受众收看肥皂剧的自我满足。受众对于肥皂剧的需求存在多方面的原因,具体包括:社会交往,消遣,联系现实,情感经历,同角色进行超社会互动,为解决问题寻找参考,逃避,批判性回应[14]。其中,消遣意味着受众可以从肥皂剧观看中,获得娱乐性的、轻松有趣的、幽默诙谐的和让人心情愉悦的快感。

在吸取罗兰·巴特符号学和身体快感理论、福柯话语和权力谱系学,以及巴赫金狂欢理论中关于快感和个体、文化、社会之间关系的解读之后,费斯克提出,在分析策略上,可以将大众文化中的快感划分为两种主要的方式,即躲避(或冒犯)与生产力。"一种是躲避式的快感,它们围绕身体,而且在社会的意义上,倾向于引发冒犯与中伤;另一种是生产诸种意义时所带来的快感,它们围绕的是社会认同与社会关系,并通过对霸权力量进行符号学意义上的抵抗,而在社会的意义上运作"[15]。需要注意的是,费斯克也强调,这种划分仅仅是为了便于分析而采取的一种对于快感的归纳,有着结构化的倾向,而大部分大众的快感都规避这种倾向策略;实际上大众的快感取决于语境、实践、生产的变化[16]。

第二节 网络剧的受众快感:生产者式快感

在霍尔看来,受众和文本之间存在一种预设,即"坚信象征系统中暗含着深层次的内涵和意义编码,受众需对这一过程中的凝缩和移情机制进行解码"[17]。受众通过深度分析,揭示表面形式之下的潜在意义。费斯克认为,大众文化是一种自下而上的文化。大众文化的政治是一种日常生活的政治,是微观层面的政治。微观政治的快感,是这种生产出意义的快感。因此需要从日常生活的角度来考察大众的快感。渗透受众日常生活中每个时间段、每个情境中的网络剧,无疑使受众获得多种层面的愉悦感受。我们将这种感受概括地称为"快感"。

网络剧作为大众传播中一种日常性的娱乐方式,也作为大众文化的实践,其受众的快感在很大程度上属于一种生产者式的快感。这种快感的核心是——创造自己的文化。这意味着受众不仅是在消费和传播网络剧文本,而且是在从自己的社会效忠从属关系出发,赋予文本以意义和内涵,从而使不同类型和内容的网络剧文本都可以为自己所用,代表属于受众自己的文化。

网络剧受众通过生产意义实现的快感,结合"相关性、功能性、生产性三者"[18],诞生了生产者式的快感。受众在网络剧文本中创造的意义,可以使受众获得快感,这是因为受众认同自己创造的意义,并且觉得它们是"我"的意义。同时,这些意义以真实的、直接的、可以感知的方式,与受众的世俗生活紧密相关,受众可以在日常之中使用、交流和传播这些意义。因此,受众从网络剧文本中获得快感。

一、受众快感的意义生产性

(一)从"生产者式文本"到"生产者式受众"

文本生产,并非仅仅在专业能力的范畴,而是一个"关于权力、经济、现实和个体结构的问题"[19]。不管文本如何组织和表现现实问题,"受众的解读立场绝不止一种,这天然适用于一切使用代码的语言系统"[20]。正如泰勒等提出的那样,"所有表意活动,也就是所有带有意义的实践,都牵涉权力关系"[21]。

网络剧具有"生产者式文本"的性质。意大利符号学家安伯托·艾柯将文本分为蕴含多种意义和解读方式的开放式文本、具有单一意义并反对其他解读诠释的封闭式文本。罗兰·巴特将文本分为读者单纯接受意义的读者式文本、读者积极参与构建意义的作者式文本。费斯克在此基础上,提出"生产者式文本"。生产者式文本易于理解,为读者留有创建意义的空间。这种文本所产生的受众主体,是深入文本的话语体系、介入文本表现过程之中的积极主体。它借助打破表现和现实之间存在的差异,打破生产和解读的界限,以"更具认知性的参与快乐和生产快乐来取代由识别与熟悉所带来的快乐"[22]。

《屌丝男士/女士》、《万万没想到》等网络剧,实质上是复杂性的文本。因为数量庞大的受众群体通过剧集的观看,可以在剧集内容和他们的社会关系之间,产生诸多的共鸣。网络剧中的对话、对于人物关系的模拟和再现、人物心理的描绘、为调节社会要求和个人需求之间棘手矛盾的探索与尝试,所有这些均通过最粗浅、狂放的笔触加以勾勒,无法达到精致艺术要求的崇高、纯洁。但是,这正是网络剧的强项所在——它是一种未固化的、流动的、充满缝隙裂痕的、留白式的文本,刺激"生产者式"的受众写入自己的意义、建构属于自己的文化。在这一意义和文化的构建过程中,受众获得快感。

鉴于网络剧的文本特性,其受众也成为"生产者式"的受众。威廉斯在其《文化与社会》一书中,讨论过文本和受众的互动,认为在很大程度上,"错综复杂的社会及家庭生活模式一直在塑造着人的观念与感觉"[23]。受众接触文本后,从自己的社会经验出发,对这种本身就充满争议和矛盾的文本,产生属于自己的理解。网络剧不是为了说服,很大程度上只是为了表达,因此,网络剧注重各种含义的呈现和展示,受众在这种广泛的阅读空间中,获得自由解读的快感。巴特认为读者的阅读是对文本的重写。网络剧受众正是在这种重写的过程中产生快感。网络剧是一种生产者式的文本,受众可以使用早已掌握的话语技能来解读网络剧,不需要再花费精力去获得新的解读技能。只要具有最基本的观影条件和理解能力,受众就能进行网络剧的观看、解读和意义生产。

(二) 受众意义生产的过程

1. 决定意义符号

在网络剧文本的生产过程中,受众可以决定意义符号。

在讨论网络剧受众的快感时,必须注意到,受众从网络剧中体验到的生产者式快感,有别于其他形式的大众文化文本。在网络剧的生产过程中,受众并未缺席,并非仅仅是文化产品的消费者或终端。恰恰相反,受众参与网络剧从剧本选择到拍摄放映的每个环节。许多访谈对象都表示可以直接影响网络剧的具体制作,是件使他们非常高兴的事情。

受众在网络剧的剧本选择中,已经开始参与筛选和甄别的过程。是否能够实现受众的期待、代表受众的价值取向,成为受众取舍的标准。传达和表现什么样的意义和内涵,受众都可以直接参与决定,或者在"边播边拍"的过程中施加影响力。可以将青睐的文本从文字变为影像符号,将其中被受众认可的爱憎对错、是非善恶进行更为广泛的传播,这对于受众而言,赋予其生产者式的选择权力。

"我从初中就开始追《鬼吹灯》了,'霸气哥'(指《鬼吹灯》系列小说的作者天下霸唱)摸金的坑是越来越大(即盗墓故事中设置的悬念越来越多),特别期待小说能拍成电视剧。后来听说要拍了,我在微博上投了票。选'谁是你心目中最完美的胡八一?'时,我选了××,觉得他最符合我想象中的胡八一,最能表达胡八一那种有点坏又有担当的摸金范。"(受访者:只说实话)

叙事情节的发展和转折,集中体现受众意义选择的倾向性。正如许多文本都植入主导价值观中的规范,倡导什么、摒弃什么,通过情节和人物命运进行的意义引导清晰可见。网络剧文本体现受众的观念,同样借助虚构的影像符号进行表达。故事情节和人物,就成为不同意义的争斗场所。

"男主和不和女主在一起,是选择他的初恋,还是那个'傻白甜'。为这个我们还在论坛里吵过一次。我就觉得这个傻姑娘挺可爱的,一点都不做作,还特别善良。这样的人总是应该有'大团圆'结局的。"(受访者:蒙娜丽莎的微笑)

网络剧边拍边播,受众边看边改。在观看的过程中,受众通过各种渠道表达意见,促进文本朝着符合自身价值的方向发展。受众不仅是在"重写"文本,而且是在"生产"文本。受众可以操控屏幕上演出的叙事,并从中获得快感。

2. 构建个体化意义

在对网络剧文本的解读中,受众构建属于自己的意义符号。

网络剧文本是开放式的,鼓励读者投入其中的叙事话语,并进行自主的解读。蒙太奇的图像与图像之间,为受众留下思考的空间。即便不是所有的受众都会直接参与网络剧的生产,但是在阅读网络剧这样一个开放式的文本时,受众可以轻而易举地生产自己的意义。受众有千差万别的经验,也有各不相同的观念背景,因此每个受众个体性的意义都不尽相同。

(1) 关注点不同，意义不同。

对于同样的文本，受众总是会选择性地关注其中的某个部分，将其作为主导意义放大，并遮蔽其他的从属意义。因此在意义构建的过程中，受众的关注点不同，产生的结果也不同。

例如，面对同样一个侦破类的网络剧，当受害者躺在地上的画面出现后，受众的关注点差异巨大，自己解读出来的意义也千差万别。有的受众觉得："快把窗帘掀开，凶手肯定还躲在那里。"因为他急于验证自己在业余时间接触的犯罪心理学知识。还有的受众指出："蛋糕不要放到冰箱里吗？"因为他认为画面中书桌上的蛋糕本应该放进冰箱保存，既然拿出来就说明导演在此处已经埋下伏笔。

受众的关注点不同，按照所关注的表层符号，解码完成的意义也就各有不同。能够在一个文本的刺激下积极进入文本情境，自主性地创造属于受众个体的意义重写，不管得到的意义是什么，这个过程对于受众而言，都是愉悦感受的来源。

(2) 经验背景不同，意义不同。

纷纷不一的关注点，来自受众自然的反应。这些反应受到受众经验背景的影响。受众在实际生活中，日积月累的社会行为意义，为其提供意义构建的基准点。个体受众的经验背景截然不同，因此属于个体的意义也就各不相同。

同样以上文的凶案现场为例，一名曾经历交通事故的受众看到的是对生命的珍惜，"现在的事故太多了，一不小心命就没了。还是珍惜生命，好好生活，其他的都是浮云"。实际生活的经验，使他对于生命的重要性有敏锐的感知，因此才会产生与其他受众所不同的意义。

每个受众的经验都是特殊的，因此，属于受众的意义也是特殊的。受众在文本的开放缝隙中，构建对于自身而言合理的意义，并寻求这些意义和文本的融合，从而产生符合受众个体价值标准的"新"的文本。

(3) 人口社会属性不同，意义不同。

人口社会属性涵盖个人、家庭、组织、社区等个人和群体的特征描述，包括年龄性别、家庭状况、民族语系、社会结构等方面的特点。人口社会属性与经验背景有相似之处，二者都能代表受众在某方面特征的概括属性：前者注重将个人特征融入群体社会之中进行考量；后者强调属于个体化的特殊性经验。人口社会属性在影响受众的意义构建中，作用不容忽视。

在一种集体无意识的心理影响下，受众生产的意义结合社会的意志，更加具有文化倾向。同样的凶案现场,有的受众第一反应是:"为什么这次死的又是女性?难道女性总是幻想的被害对象吗?"这样的疑问并不出自一名女性主义者,只是一名意识敏锐的受众。作为女性的人口社会属性,不可避免地影响她从性别的角度构建文本的意义。

可见人口社会属性的不同,直接导致受众在进行网络剧的意义解读时,呈现迥然不同的意义。但是创造意义的快感却为受众共有的情绪。

(三)生产什么样的意义?

从受众个体来看,网络剧可以被重写为各式各样的文本,其中嵌入的意义也千差万别。但是,如果将网络剧受众视为一个整体,一个有着普遍特征和共享价值基础的群体,那么,探讨带给受众快感的意义生产特性即成为可能。

1. 自由的表达

网络剧受众创造的意义,契合个体的生活体验和感受。在现实生活中,受众或多或少会感受布林顿和科恩所描述的"个体的自我被沉闷乏味的社会经济和政治现实所剥夺"[24]。因此,他们在意义生产的过程中实现自由的表达。正如前文论述,网络剧为受众提供了一个自由狂欢的广场。网络剧自身的狂放自由、天马行空等特征,恰恰与受众的追求所匹配。不管是何种类型的剧集,都传达同样的奔放不羁。对于受众而言,这些特质是一种期许,也是一种对于自由表达的实践。

受众乐于在网络剧中看到他们经历的真实生活,这种生活在其他文本中被遮蔽和被忽视。在网络剧受众的意义中,原本因崇尚高雅和纯粹的文化价值而被限制的话题和感受,都可以随心所欲地展示。受众生产的意义是个体化的,不需要被社会规范和舆论检视、评论,因此更加不拘藩篱,可以摆脱陈规,创造属于自己的意义。

除了意义的内涵不受限制,自由的表达还意味着无拘无束的意义呈现形式。随着影视文本的类型化和固定化,符号和意义之间的隐喻渐渐固定。原本毫不相关的符号和意义被不断重复之后,成为具有直接联系的能指和所指。例如,街头自行车和轿车的相撞,预示平凡、活泼的女主角和富有、英俊的男主角偶遇并发生诸多故事;在惊悚的情节发生之前,总要配以阴森的音乐。不同于这些程式化的表达形式,受众生产的意义有各式各样的关联性,视角和解读方式变化各异,都不受文本限制。随心所欲的文本关联和意义,是受众生产意义的重要特质。

2. 话语的抵制

生产者式受众在文化中的无力感和话语缺失，是促使他们积极进行意义构建的重要因素。网络剧受众大多是社会生活中被规训的对象，他们很难在官方的文本中表达反对意见。受众在社会和历史中，扮演支持和执行主流意识的无名大众，不管是关于日常生活伦理，还是关于美学艺术评价。受众的行为总会被依据社会主流的意识观点评价和批判。因此，受众在意义生产中争取自身的话语权利，表达自己的价值需求，就不可避免地进行话语的抵制。

在受众生产的意义中，受众表达对于理想社会的期待和想象，挑战权势阶层的倾轧；不受夫权、父权制度的约束；希望消除性别、族群之间的差异；提倡平等自由的对话和表达。这与受众的现实生活经验存在差异和距离，因此受众在意义生产中企图通过话语的抵抗和生产，来消除这种距离。

在充满各种力量碰撞的网络剧文本中，意义的抵制与创造同在。网络剧并非封闭式的文本，并不限于一种霸权式的解读方法。在网络剧中，对于与受众生产的意义相契合的内容，受众从主导立场解码；对于模糊多义的内容，受众从协商立场解码；对于有悖于其意义的内容，受众从对抗立场解码。抵抗并非最终的目的，创造和生产才是受众的主旨所在。

3. 掌控的力量

网络剧受众生产的意义中，蕴含受众的掌控力量。受众通过生产意义这一过程，体验作为意义主宰者的权力。一味被动接受现有的意义解释，无论它们对于受众而言是处在赞成还是反对的立场，都无法为受众带来快感。受众将所有可获得的资源，按照需要任意组合排列，获得主导的力量。

受众之所以在生产意义的过程中获得快感，正是因为这个过程使受众获得力量和权力。受众生产的意义中，体现受众掌控话语的力量。受众在构建意义时是积极的受众，而不是被动接受的受众。网络剧文本本身是具有多义性的复杂文本，充满诠释的话语缝隙。面对文本，受众并非简单解码其中的主导含义，而是多角度地解读和再次创作文本，使文本更加丰富和符合受众自身的文化倾向。

生产意义的过程赋予受众呈现自我的力量。话语是意识形态的竞争场，争取话语的权利意味着为意义争取合法性。受众生产的意义代表其自身的文化价值和选择，可以对这些意义进行生产和创造，意味着拥有将其表达和传播的掌控力量。受众被赋予表达的权力，为代表自身的意义进行抗争，以获得一种广泛的接受和认可。

二、受众快感与意义的相关性

网络剧受众的生产者式快感首先具有相关性,即受众生产的意义是彼此关联的。相关性是一个意义角力的场域,代表各种社会规训的规范、宰治力量以及与之相对的反抗和抵消力量,二者均被涵纳到受众生产的意义中[25]。当惯于被支配的受众根据自己的社会体验糅合两种力量时,这些意义也随之被构建完成。这就意味着受众生产的意义是一个复合体,不仅体现社会规范中的诸多要求,同时充满对于这些规范的挑战和颠覆。

(一)对社会规训的认知

首先,受众在解读和构建网络剧意义的过程中,接受代表社会规范的意义。

媒介不仅帮助受众了解世界,而且帮助受众理解权利被塑造、财富和意义如何流通的特殊方式[26]。受众明确知道社会伦理所要求的行为规范,这些规范在诸多文化影视文本中被不断重申和扩散传播,持续地教育和影响受众。人际交往的准则也都按照主流价值规范进行,并以标准和正确为要求,塑造人们的言行举止。生活在社会群体中的受众,有一整套的规范需要遵从。对于事物的理解,有着属于当前历史阶段的标准意见;对于好坏对错的标准,糅合了国家、民族、地域、阶层的立场和需求;对于同样生活在社会中的人们,按照职业、性别、年龄、资历等被分为不同的类别,不同的类别对应不同的权利和义务。受众从当前的社会情境中获得实际生活经验,并且以此为基础形成自我的意义体系。

网络剧不可避免地也将这些被社会广泛接受的规范要求写入文本。正如巴赫金所言,狂欢是自由平等的第二种生活方式,而这种生活方式的前提是存在与之相反的第一种生活方式。网络剧戏谑、调侃、解构、重建,都是以原来广为人知的既有标准为基础。受众对于网络剧意义的生产,也是以现实经验和已有符号为前提。因此,现有的规训力量在受众的意义体系中,或是作为前提和基础,或是作为挑战的对象,都实际存在着。

在被调查对象中,当一名受众被问及"是否觉得网络剧同现实生活相差甚远"时,她表示明知网络剧中的许多行为都是不被现实社会所接受的,但是却契合和代表自己的期待。

"是吧,我也知道剧里的情节啊、人啊,有些看起来实在太'扯'了,有时候我自己都觉得'不能忍'。像大锤、莎莎,都太'二'了,特别傻,同这个社会格格不入,在现实生活中肯定不行的,所以一直就'底层'着。但我觉得他们特别可爱、真实,我和我几个朋友都觉得,二就二呗,真实随性一点,生活才比较有意思吧。'我不犯二谁犯二'。"(受访者:Carry你不动)

(二) 生产回避规训的意义

其次,受众体验到生产者式的快感,是因为受众创造了回避和抵制社会规训的意义。在这个层面上,网络剧与传统的电视剧文本形成非常大的反差。传统电视剧多是由专业(精英)人群生产,经审查批准,方可通过电视台渠道到达千家万户。社会和国家强调电视剧的教化和形成认同的功能,在文本制作时融入意义引导,重点考虑的是同意识形态的契合。网络剧在生产过程中,受众的认可和接受是决定性的影响因素。因为受众的点击观看意味着商业盈利和文化影响力,网络剧的制作者并不过多地考虑行政或者社会规范的要求,体现受众的感受和需求是首要的功能。

因此,在某种程度上,网络剧文本是一种和受众一起回避社会规训的文本。网络剧本身的狂欢特质,蕴含颠覆性的、无拘无束的行为隐喻。即便如此,社会规训的力量依然可以在网络剧文本中找到,但都会被受众从反面进行解读。当受众在文本中看到曾经备受主流文化提倡的意义被一一解构和倾覆时,就会获得愉快的心理感受。当受众以文本为基础,通过挪用、拼接、改造等方式,创造自己的意义时,这种愉快的感受就更加强烈。

"可能是被教育太久了吧,现在一看到这种讲大道理的片子就换。网剧里很少讲高大上的道理,感觉跟自己更加'合拍'。小时候,我妈看我成绩不好的时候,就会说,'看你不努力,长大没工作'之类的。网剧里都是我们这种'没有走向人生巅峰'的人,生活普普通通,也挺欢乐的。"(受访者:梦想还是要有的)

以自我实现为例,在社会要求和受众实现之间,通常存在差距。这种差距在主流叙事中被认为是勤勉奋斗才能被弥合的距离。高速发展的社会,鼓励人们加倍努力、"超越自己"。各种各样的文本都在传达类似的价值和意义。受众接触过多的这类文本后,会产生抵触情绪。他们的平凡普通,需要被赋予积极的意义,而非被批判的。

"其实我特别有英雄主义情结,但是书里看到的英雄,都是讲牺牲和奉献,悲剧的比较多吧。我就想,难道做个英雄,就一定要那么惨啊?像(网络剧)剧里一样,英雄不用天赋异禀,然后总是死掉。不知道在哪个点,突然有天就召唤神龙,拯救世界了。"(受访者:骑士把这实验室坐穿)

受众生产可以代表自己的意义,表达一种对于文化权力的需求。在网络世界,每个人都是平等的,每个人的声音都应该被听到,这是许多网络剧受众的普遍信念。回避和抵制,是为了表达。

(三) 两种力量的交汇

最后,受众将这两种分别代表规范和抵制的力量,同时汇入他们建构的意义当中,使这两种对抗式的力量在同一场域你争我斗,最后由早已预备好答案的受众作出选择和评判。受众一方面明确感知主流文化的要求,另一方面寻求能够代表自我的符号和意义。由此,他们在自己生产的意义之中兼收二者、有抑有扬。或者也正是这种对抗,带给受众愉悦的感受。

"狄仁杰其实是个美男子;诸葛亮呢斤斤计较,唠唠叨叨;王子们只救美女。这样的反差就很好笑。"(受访者:小小馒头)

对于历史人物和经典文本的戏仿,是受众非常喜欢的内容之一。这些文本在被改编成网络剧以后,通常都通俗、粗陋,与之前严肃、高高在上的样貌有了很大冲突。受众乐于看到规矩和不羁、限制和创造力之间的张力。受众的快感来自挣脱束缚的创造力。单纯的规训或抵制,都不能像受众创造的意义这样,带给受众愉悦的感受。这种彼此关联、彼此对抗,增加了抵牾主流的快感,比起让任何一方的意义自由地流通,二者之间的对峙会产生更强烈的快感。

三、快感与意义的功能性

网络剧受众生产的意义,并非只停留在创造层面。更为重要的是,这些意义同受众的生活有着密不可分的联系,并对受众产生切实的影响。"这些意义对了解日常生活是有用的,而且有助于影响各个个体在日常生活中内在与外在的行动"[27]。这种功能性与传播学使用与满足研究中的许多结论产生互文。传播学研究中曾有多位学者指出,受众会同虚构类文本中的人物产生情感联系,会借助这些虚构故事进行自我定位,会将其作为解决实际生活问题的参考,等等。

(一) 心理层面的功能

1. 发现——自我呈现，在意义中找到自己

生产者式受众所创造的意义，依据受众的视角和价值，代表受众的观点和倾向，是属于受众自己的意义。因此，受众通过意义的生产，完成自我呈现。这包括自我形象的定位、想象、构建和表达。受众在意义当中"找到自己"，这是受众在网络剧文本接触中获得愉悦感受的重要途径。

网络剧可以为受众实现"主体意念和幻想投射"[28]。网络剧讲述"小人物"的"小生活"，主题和内容都围绕这一主线进行设置。文本为受众提供的意义生产空间，基于受众的日常生活展开，叙事都带有未经陌生化和距离化处理的基调，所有的内容都为受众所熟悉。受众非常容易进入网络剧的情境，并参与意义的构建。

> "(网络剧里)很容易发现自己生活的影子。我刚刚毕业，与人合租，小白领，经常挨主管骂，加班不断。那生活就是这样苦逼，挺真实的。"(受访者：像双鱼座的天蝎座)

受众以网络剧为原材料，进行各种加工和再创作，将自己的生活和感受带入文本当中，完成自我呈现。这里的自我以现实为基础，但是剥离其中压抑、规训式的行为逻辑。受众从自己的生活出发，不受理性、逻辑的主宰，在话语中找到感性、随意的生活和自我。

受众在电视剧和电影中看到的生活，是被"修剪"和"审查"过的生活，许多被主流意识形态认为不合规的行为都会被剔除。生活因此成为简化的生活，并非原本复杂的面貌和姿态。受众的生活千姿百态，带入文本中的意义也各不相同，因此，由受众构建的意义反应复杂多样的生活形态。每位受众都能在自己的意义当中找到自己的生活和感受。

2. 认同——帮助自我定位，认可自我

数字时代，人们思考的方式、社区的形态都随着互联网的发展经历深刻的转变，随之变化的还有我们的自我认同[29]。吉登斯提出，认同不仅是关于个人的概念，也是关于个人和他人关系的一种反思性解释，因此，认同除了与个体的经验息息相关之外，更与连续性的社会关系紧密相连[30]。

受众在网络剧中看到"其他人"的生活，并结合自身的情况思考解读。在解读过程中，受众的心理或是疑惑，或是欣慰，或是释然，或是雀跃。当遇到同自己一样的问题时，受众感到一种认同，找到自己的所属群体，获得心理上的

欣慰感受。"其实很多人跟我一样",这是许多受众通过网络剧文本获得的意义。

受众看到的网络剧人物,都是同他们一样的普通人;他们看到的大人物,都是一样有瑕疵的普通人;大人物做着蠢事,小角色拯救世界。这对受众而言,是一种认可和鼓励。受众以此构建意义,首先实现的是对自我的肯定。

> "大家都跟我一样好嘛!喜欢看美女、打游戏,没事一起吹吹牛,见到坏人就跑。不过呢,我从来不占别人便宜,也不欺负别人。嗯,我还是有梦想的,万一实现了呢。"(受访者:睡不醒的UEK)

在话语中被规训,或者面对不同的标准时,受众原有的认识体系受到挑战,随之引起心理的焦虑和疑惑。因此,受众构建的意义会帮助他们抚平这种不安感,通过自我认可,获得积极的心理感受。

对比,是实现自我认可的一种重要路径。非常有趣的现象是,当受众在文本中看到倒霉透顶、尴尬悲惨的情节和人物时,会联想到自己的生活,并将其进行对比,从而产生"我这样已经挺好了"这样的满足感。而网络剧中又充满这些"愚人"和"傻瓜"的形象和故事,这就使得受众时常可以从中获得快慰和积极力量。在进行情境迁移和意义构建的过程中,受众完成自我定位和实现对自我的认可。

3. 需求——释放压抑,消除孤独感

网络剧受众大多数年龄偏低、社会资历较浅,在文化生活中的话语和表达也经常被归入亚文化的类别。他们在实际生活中,往往受到家长、上级等社会角色的规训。他们生产的意义也常常被忽视、压抑、遮蔽,无法进入主流文化的体系,只能停留在一种非官方的、游击队式的形式。就像网络剧在开始阶段,并未引起主流和官方文化的关注,受众生产的意义也未受到足够的重视。

因此,被孤立和边缘化,是网络剧受众较为常见的担忧。受众其实有被认同的心理需求,他们支持网络剧的生产,按照趣味和意义,寻找同自己一样的观看者。这些都有助于受众摆脱孤独感,融入群体和社会。受众构建的意义中,并不将自己作为社会的亚文化群体,或者是社会的边缘人士;他们经历的社会生活和感受,对于他们而言,就是社会的真实和主流。

正如狂欢节是所有人参与的集体狂欢,国王和小丑、将军和乞丐都在广场上欢笑、舞蹈。大家没有层级的界限,不受陈规的约束,权贵和庶民拥有同样的权利和能力。当受众确认这样的认知,大家都有着同样无拘无束的追求、不着边际的想象、平凡日常的生活时,对于被孤立的担忧就会减少或消失。受众生产的意义,就像是群体的准入公式。意义相符或相近,大家就成为同一意义共享的群体。

(二) 现实层面的功能

1. 结交和我一样的人

一位在业余时间从事网络剧评点和传播的受访者,这样描述网络剧对他的生活带来的影响。

> "我和我现在的团队,就是网剧深夜党。我们也是在半夜看剧的时候认识的,有论坛,有弹幕。这几个家伙的评论,几乎每次都能戳中我的痛点。意气相投吧,后来就认识了。我们现在一起写影评,有了自己的公众号。"(受访者:对将)

受众通过观看网络剧,重写文本的意义,并根据意义的异同,寻找和结识与自己的看法和观点一致的其他受众。这是受众在实现自我认同之外,意义生产在现实生活中的重要作用。通过文本的再次解读,表达观点意见,并且能够获得其他受众的肯定和赞许,这给受众带来强烈的愉悦。

这与传统影视文本的意义生产和共享有明显的区别。传统的影视剧文本意义生产,通常只有专业人士和精英人群才能公开发表观点,传播再创作后的意义,大众在其中只是读者和信息的接受者;网络剧受众具有同样发表观点的能力和渠道,在观点和意见的"超级市场",每位受众都是平等的,都有被听见和看见的机会。

对于网络剧中某个演员、情节、逻辑、音乐、服饰等的看法,都可以被视为受众的意义生产和阐释。地理上分散的受众通过表达自己的看法,与其他受众交流、讨论,并同与自己志趣相投的受众建立更加紧密的社会关系。他们一起在互联网上建立讨论群组,互通信息;组织线下活动,与网络剧的导演、编剧、演员见面。受众生产的意义和观点,如同钥匙和桥梁,开启同陌生人的交流,使相距千里的受众可以彼此相识、结交。

2. 投射受众的假设和想象

受众将自己对于生活的假设和想象,投射到网络剧文本,进行文本的解读和再创作。网络剧中展现的生活情境贴近受众实际,可以使受众非常容易地将自己的现实生活同剧中世界联系在一起。在现实生活中,受众有许多信念,如好人有好报、付出就会有回报、走自己的路让别人去说吧等。受众也有许多期待,如升职加薪、周游世界、获得完美爱情、成为英雄、受人瞩目等。这些信念和期待实现起来,也许并不那么容易,有些甚至是无法完成的异想天开。正如:

> "有个神仙帮我,是一种什么样的体验?"(受访者:LIYANG♯)

对于这些一时无法实现并体验的生活期待,受众将其融入网络剧的文本,借助可阅读的剧集进行意义生产。每个受众的生活期待都有所不同,他们的解读方式也迥然各异。网络剧中主角的命运遭遇,是受众假设的关键,所有参与和出现在剧集中的人物,都能启发受众的想象和解读。

网络剧将受众对于生活的假设,通过虚构的故事呈现出来,为受众提供一种"如果……,会……"的生活经验和感受。受众解读这些文本后,联系各自的生活,总结和生产出不同的意义,并依据这些意义,或是更加坚定自己的观念,或是调整改变自己的想法和行动。这既是对于生活的逃避,也是对于生活的积极回应。正如网络剧是一种复杂的文本,受众创造的意义也是一种融合逃避问题、缓解压力和解决问题等多种功能的想象和实现。

3. 解决现实问题的参照

受众由网络剧建构的意义更为直接的作用,是为受众提供解决实际问题的参考。网络剧表现多种题材、呈现各式人物、描绘各种生活,其中存在的问题也许正是受众所面临的问题,体现家庭、职场、社会等方面带来的压力和挑战。网络剧提供解决问题的方案,受众结合剧集并从自己的理解出发,获得处理问题的参照。有时这些解读会影响受众看待问题的态度。受众将这些理解进行抽象和推演,得到一个自己认可的结论,并会以此为基础采取行动。

> "穿越其实是在逃避问题。穿来穿去,也不能改变历史啊,改变了历史就没有后来的你了。一觉醒来,回到现代,该解决的(问题)还是要解决的、不好逃避的。"(受访者:向明天看齐)

除了对于生活问题的积极思考,受众还从网络剧中获得各种"技能",而这些技能也并非由剧集内容直接传达,都需要受众浸入文本后归纳产出。例如,有的受众认为,面对刁钻的老板,忍耐并不是最好的办法,做好份内的工作,不行就换工作;有的受众从网络剧中发现,现代社会中遇到喜欢的人就不能错过,女生追男生没什么问题;有的受众发现,以前怎么也记不住的历史年代表,多看几部剧,终于对历史有了感觉。

受众积极地进行文本意义的解读,从中寻求解决问题的途径,同时加深自身对网络剧的需求和依赖,二者之间的联系也更加紧密。

第三节 网络剧的受众快感:冒犯式快感

一、话语抗争的快感

(一)躲避意义的快感

受众通过观看网络剧躲避社会规训。当代著名的关于日常生活文化与实践的言说者之一法国理论家米歇尔·德·塞托从日常生活中总结了一系列有关大众躲避战术的隐喻,如战略和战术、游击战、小花招等,以此来分析强势言说压力之下的弱者应对战略。在日常生活的实践中,大众悄无声息地"占据了社会文化生产技术所组织的空间"[31]。网络剧受众以富有创造性的、灵活的、敏捷的游击"战术",回避规训力量,并从中获得快感。

受众认可网络剧的重要原因,就在于作为社会资源缺乏的群体,"他们自身就在经历短期工作和低就业机会"这些问题"强加给他们的生活的支离破碎"[32]。正如费斯克在其《理解大众文化》中谈及的那样,大众是一群在主流意识的规训下持续抵抗的"游击队员"。受众不能凭空创造文本的任何意义,他们会去选择可以提供成功躲避霸权的适当机会的文本,而网络剧就是这样的文本。受众在网络剧中可以看到:主流的规范被肆意地嘲讽、戏弄;原本被神话的经典文本被七拼八凑、堆在一起;类型化的典范不再是典范。原本在生活中作为范本和规矩存在的意义,在网络剧中都被巧妙置换,代表反映受众需要的内涵。

受众在一定程度上也是文本的创造者和意义的生产者,避免与被广为接受的强势文化发生激烈的冲突。一方面,这样过于冒险;另一方面,也是因为受众在同样的规训背景之下,对于这些规训是习以为常的。因此他们利用已有的文本,带着回避的清楚意识,产生抵制式的快感。"游击队员"也许无法积累他们赢得的胜利果实,但是他们可以保持"游击队员"的身份[33]。

例如,虽然在《盗墓笔记》原小说文本中,关于冒险、探索和发现的主旨,可以为受众提供快感,但是对于大多数人而言,过度的鬼怪神灵等超自然现象,加之涉及破坏国家文物的担忧,会让他们产生不快,这就使得探索未知、承认未知的"游击战"太过冒险。相比之下,改编成网络剧后的《老九门》,将古墓发掘置于抗战救国的宏大历史叙事背景之下,为所有的探险故事赋予国家民族波澜壮阔的情怀和意义。并且弱化其中超自然现象的出现频次,为所有情况都准备了科学角度的解释。正如受访者感受到的:

> "说实话《盗墓笔记》第一季很让人失望。听说《老九门》要播,我们论坛超兴奋的,但是在播出之前,很多传言又说不能播什么的,反复了好几次。后来看到的和原著差别还是蛮大的。不过,只要能跟着我们'佛爷''下斗',我已经很满意了。"(受访者:Pdjeid1999)

如果说改编体现了躲避的策略,那么,《老九门》的冒险精神从来没有从文本中消失。不受规范和限制地探索一切未知的世界,发现新的观点,改写已有的定论,这都是在这一例子中一直以来的核心。受众在解读文本时剥去陌生的外壳后,看到的还是熟悉的内涵,因此在自己灵活的躲闪中获得快感。

(二)颠覆意义的快感

网络剧受众的观影快感中重要的来源之一,就是挑战权威、戏仿经典。或是挪用经典文本,使原本的权威和经典"为我所用",使经典成为再创作后的经典、受众的经典;或是完全推翻这些文本携带的含义,使原来不可触碰的意识形态从形式和内涵都被改写。受众乐于看到社会等级、性别、财产、身份造成的差异被打破,而所有服务于这些差异的规定和意识也都被受众颠覆。颠覆这些陈规所带来的快感,通过许多具体的表现形式得以实现,其中最为普遍的形式包括时空的颠倒、身份地位的颠倒、性别的颠倒。

首先是时空颠倒的快感。关于时空的观念,从来就不是单纯自然科学意义上的解读,而是融合了意识形态要求的社会规范。颠倒的时空,实现的是受众对于现实社会各种规范的抵制。现在、过去、未来不同的时间和空间,有着不同的社会运转规则,对应不同的意识形态。关于时间,从"原来一切都很慢"的过去,到社会生产积累阶段的"时间就是金钱";关于空间,远古部落历经分分合合,终又回到地球村。时空和意义,都在不断变幻。就像受众期待的那样:

> "我想回唐朝,那时候以胖为美,根本不用减肥神马的,现在是个人就天天吵着要减肥。"(受访者:放飞自我)

这是受众对于当前审美情趣的质疑和挑战,折射了受众对于社会主流价值标准的颠倒和想象。各个历史阶段的社会关系,塑造了关于时空的观念,代表着一种不同的日常生活方式和文化。颠倒的时空，意味着对另一种生活方式和社会关系的构建。过往可以回味，未来更是可以无边想象。只要是在现实生活中带来压迫感的思想观念、行为标准，都可以通过转换时空来获得合法性。

其次是身份地位颠倒的快感。网络剧受众以青年人群居多，在物质积累和社会影响等方面，都不存在优势。因此，在社会生活中，他们并非规范的制定者，他们更多的是遵从者和旁观者。他们在群体中的言行，都已经有了现行的要求和规矩。受众面临多种层面带来的压力感：①级层管理的压力。社会机构依赖特定的科层制度，进行决策和执行，而处于制度底层的人群，不可避免地感受到压抑。②金钱财富的压力。分配制度、个人能力、社会关系网络等原因综合，使财富的分化成为社会现实不可回避的状态。尤其在一个消费主义冲击的环境中，财富的多寡成为"成功"的重要标准。③文化思想的压力。文化生活层面同样存在已有的权威人士和观点，如何思考和看待问题，也是被涵化和规训的对象。

因此，受众从身份地位的颠倒体验到社会角色和功能易位的快感。原本飞扬跋扈的权贵，失去权力和财富；原本平凡的人物受到重视，对世界产生巨大的影响。这些不仅是网络剧受众获得快感的重要来源，也是所有在现实生活中有着压迫感的人群共同的期待。受众由此感受话语权力的移交，体验决策和掌控生活的快感。

再次是性别颠倒的快感。怎样一种社会关系能够像性别之间的复杂共生一样，能引发思考呢？性别之间的关系集中体现社会意识的种种规范，也汇集各种社会矛盾。社会义务和分工，从远古时代就开始按照性别划分，随着人类历史的演进，关于性别的差异性规范越发细致。时至今日，性别之间的分化和差别被模糊棱角；继性别之间的平等讨论热潮之后，性别的融合，或者说性别的置换，成为社会新的热点。网络剧受众受到这样的思潮影响，对于社会基本角色的颠倒充满好奇。

部分男性受众，因为感受到社会期待和责任的巨大压力，期待体验女性轻松、无争的社会角色；而受众中的许多女性，明显表达对于社会权力的呼唤，希望获得社会生活中的力量、控制感。因此，性别的颠倒带给所有受众实现期许的快感。最初受众可以看到，女演员反串男性角色，或者男演员扮演女性角色。现在可以看到许多女性化的男性角色，他们温柔敏感，也不一定有要实现心怀天下的社会责任；而男性化的女性角色也不少，冷静果断，拥有成功的事业。另外,有些剧集中呈现性别的"穿越",原本的男性"灵魂"进入女性的身体,或反之亦然。

在受访者中,有一位受众偏爱《太子妃升职记》《女人的秘密》这类网络剧,除了有种恶作剧式的快感,更重要的原因是看到性别权力的反转。

> "由男到女,让他们也体会一下,做女人有多不容易,分分钟扑街。虽然说社会发展了,但是男女还是有很多不公平的地方。社会对男性就宽容多了。"(受访者:岷山一区)

而男性从中感受到的是性别义务的解脱。

> "买房养家,凭什么就是我一个人的事,我也想在家带孩子,不用天天看老板脸色。体验一下做女人,我也很想啊。"(受访者:梦一大黑)

性别的颠倒,为不管哪种性别的受众,都带来快感。他们都可以回避社会对于性别的刻板要求,从社会化的性别义务和限制之中解脱出来,重新定义和建构自我。

(三) 愉悦的"第二种生活"

极具狂欢特征的网络剧,为其受众建构了巴赫金笔下的"第二种生活"。受众看到的这种生活,所有的东西"调了个个"。在狂欢的市集和广场上,人人癫狂不羁,外表奇形怪状,衣物反穿,头发披散,招摇于市;言语嬉笑怒骂,调侃讽刺,嘲弄模拟,咒骂亵渎;行为颠倒怪诞,夸张滑稽,不着边际。受众正是沉浸在这种生活中,获得愉悦快乐的满足感。

在这种脱离常轨的"第二种生活"中,受众在原本日常生活中的种种逻辑、规矩和秩序被打破,取而代之的是,表现人的本质的感性形式。受众不必遵循现实生活中的禁令、限制。进入网络剧的世界,权威和真理不再代表绝对的正确,制度和秩序也可以被改写,权势和等级已经被颠覆重构。

首先,受众在网络剧文本中获得解除权威压力的愉悦感。权威代表社会生活中对与错的规范。权威包括政治上理性法定的权力、文化社会生活中的绝对影响力。在现实生活中,网络剧受众同其他普通大众一样,依从和跟随权威的意志和决定。权威代表生活中需要遵从的真理,在受众的决策过程中有举足轻重的作用。许多时候,权威是受众的重要参考和依据。受众意见一旦与权威的观点相左,就会面临来自社会和群体的强烈压力。受众的发言权和决策权都受到挤压。网络剧受众通常都不是权威的代表,而是权威的规范对象。作为被规范的对象,受众感受到权威的压力。观看网络剧将受众带入另一种颠覆权威、轻松自由的生活。

其次,受众在网络剧文本中获得重建制度和秩序的愉悦感。日常生活充满各式各样的制度和秩序,为几乎所有行为制定了可为与不可为的标准。受众的生活就是在这些规定的框架之中进行,不能逾越,不能破坏。遵从秩序才能不被社会谴责和孤立。框定受众生活的社会制度和秩序有多种形式和"面貌"。它们有官方的,也有非官方的;有明文规定的,也有约定俗成的;有广为知晓的,也有密不外传的。同样,这些制度也并非受众制定,不能完全表达受众的声音。但是,受众可以通过网络剧建构一个依据新秩序运行的生活。新的秩序不提倡强行的规范,每个人都有权利参与社会规则的制定,可以自主地选择生活。

再次,受众在网络剧文本中获得打破权势和等级差别的愉悦感。在社会关系中,权势和等级的存在由来已久。人们之间的身份权利差异被合法化,为维护社会系统运转提供支持。因为存在这样的差异性,受众作为非权势阶层,期待狂欢式的反转。受众在笑声中,看到网络剧中象征权力和等级身份的人被脱冕;平凡的、被压制的低阶层人群被加上皇冠。由此,受众可以感受到人人可以平等参与和构建的社会生活,并且建立一种"我"和"你"无需彼此挤压和对抗的社会关系。正如受访者的玩笑:"没有对比,就没有伤害。"渗透社会生活中的等级差别不复存在,不受限制地创造生活成为可能。这才是带给受众快感的重要来源。

"第二种生活"同现实产生强烈的反差,让受众着迷。也许正是这种差异,带着乌托邦式的期待,满足人类最原初的想象,才使受众暂时从中获得愉快、喜悦的心理感受。

二、身体狂欢的快感

费斯克提出,大众的快感通过身体运行,并且经由身体被体验或被表达,因此对身体的意义与行为的控制,就成为一种重要的规训机器[34]。威廉姆斯和伯德洛认为,社会"秩序"问题"最终取决于身体顺从与逾越的问题"[35]。

社会规范具体化的过程,是在寻常生活的实践中运行的。衣着服饰、健身节食、品味举止,都是使规则具体化、功能化的方式。美好的身体和丑陋的身体、外表的优雅和邋遢、整洁与凌乱、健康和虚弱等,这些二元对立的关系之间,都体现规范和僭越、偏离的社会关系,因此可以将这种关系归入政治关系的范畴。这些政治关系关乎权利和意志,企图将社会结构中权威者制定的规范标准,在身体之内实现自然化的转变。美好和健康,是社会政治意义上的评价标准,而非生理上的,因此这些都是用于社会权力运作的话语体系。

当身体体验到巨大的快感,受文化影响和束缚的自我,就会崩溃成为自然的状态。受众自我迷失在快感之中,而属于社会性建构的自我控制与治理,也随着自我主体性的瓦解而瓦解。身体的快感使受众丧失自我,并以此为策略,实施对意识形态的躲避。过度的身体快感,在巴赫金的狂欢理论中,是构成狂欢式颠覆与规避的重要因素。

(一) 笑带来的狂喜

笑,是一种喜悦情绪的表达,带给身体强烈的快感。在探究网络剧受众的观影快感过程中,几乎所有受众都表达了"笑"带来的快感。"好笑"是所有受访者一致认同的观影感受。受众接触网络剧文本,首先被其幽默诙谐的基调所吸引,观看时经常爆发大笑,继而选择持续观看。"爆笑喜剧"是许多网络剧都标榜的吸引因素。让观看者发笑,就是网络剧的目的,至于要表达什么样的精神和内涵,都没有笑料这样明显。许多受众也因此反思:"没什么实质内容,就是能让人开心。"

正如前文讨论的,网络剧中鲜有悲剧,基本上所有的故事都被披上"搞笑"的外衣。正如狂欢节癫狂的外表下,包含严肃议题的内核,却总是要以让人欢笑的形式出现。受众观看网络剧"笑尿了",感叹"真是有魔性、让人欲罢不能的神剧",都是对于笑的身体快感追逐的结果。受众期待剧集引起他们发笑。

> "很多人都说这部片子没营养,你说,如果要看那种严肃的正片就不要点它,如果要看专业的表演可以选春节联欢晚会,大可不用来看这部,它就是纯娱乐搞笑的,对我来说是期待已久了。"(受访者:电路不通)

网络剧中引发大笑的方式和途径多种多样,而且时常出人意料地推陈出新。插科打诨、戏谑拼接,这些是每部令人发笑的网络剧最为基础的组织方式。逗比卖萌、夸张无厘头式幽默更是司空见惯。许多网络剧追求笑点不断,甚至"连广告都超好笑",受众在其中可以经历笑话不断的文本阅读过程。此外,网络剧注重笑点的互文。在其他网络剧、电视剧、综艺节目出现过的逗乐的环节或情节,都有可能在网络剧目中出现,意义迁移互动,引起受众发笑。

笑的快感,发生在受众获得优越感的时候。亚里士多德将喜剧的特质,归结为它模拟和呈现的是比观看者要"坏"的人,"坏"在这里兼指丑和滑稽。网络剧受众看到的角色,都是普通平凡的小人物,或者是更加悲惨的流浪汉、酒鬼、骗子,这些人物还有各式各样、无伤大雅的弱点和缺陷。例如,每次偷窃都万分倒霉,从来没有成功过的穷困小偷;在饭店被一条鱼鄙视相貌丑陋,同鱼吵得面红耳赤的贪吃鬼;幻想中轻松征服面试官、当上总经理,后来被安排去清理厕所的面试者。这让受众产生"我的生活太棒了"这样的优越感,引发大笑。

笑的快感,也发生在受众感受到荒谬和冲突的时候。当网络剧文本中的事物存在现象与本质的强烈反差,情节的发展有急剧的滑稽转折,人物性格、举止言行与社会情境相抵触,这些时候受众可以体会冲突带来的可笑。冲突产生的前提是受众已经有一个基于社会文化的评价标准,才能感知冲突的存在。受众对于美丑对错都已有观点,所以,当一个特别丑的人却偏偏在夸耀自己的美貌,年轻人穿着人字拖闯进前女友的婚礼,这些都能让受众发笑。

受众在大笑这种身体的强烈喜悦中忘记和迷失自我。而这种自我的迷失,正是狂喜的特征,并且使受众逃避那些带给他们压力的因素,产生一种逃避式的快感。狂喜并非网络剧文本的特性,无法经过理性的分析提炼,它只和作为个体的受众发生关联,在突然的某一个时刻发生在受众的身体中。当受众感受到狂喜时,他们将丧失固有的社会身份,产生一个崭新的身体。这个崭新的身体只属于受众个人,并且通过感官的刺激蔑视意义和规训。许多大众的快感,尤其是年轻人的快感(他们可能是动机最强的逃避社会规训的人),会变成过度的身体意识,以便产生这种物质感官的、冒犯式的快感[36]。

(二)逃避的释放快感

网络剧文本的狂欢特质显而易见,在受众的感受中,充满狂欢式的快感。狂欢可以抛开现实生活中的藩篱限制,随心所欲地行动、言语。日常积累的忧虑、思索、恐惧、烦闷以及需要理性解决的诸多问题,都瞬间烟消云散、无影无踪。随之带来的是心灵和身体的松弛和解脱。巴赫金提出,狂欢精神普遍存在于整个人类文化中,是一种快感的宣泄和表达机制。狂欢代表一种自由意识的突然放纵,心灵的松弛和解脱,压迫被移除的快感,它具有"释放"的功能[37]。

首先,受众从网络剧观影中获得"轻松"的感受,认为"不费脑"。不管受众的日常生活是何种状态,正如中等收入的公司职员、不为生活奔忙的高中生、随遇而安的自由职业者、闲暇舒适的主妇,对于"轻松"的追求,却是他们共同的目的。以高中生为例,学业压力使他们产生逃避的念头。也许本该认真做题的时间，被用来观看网络剧。这时，自我感知到自己的行为同社会、家庭的期许相悖，会产生一种抵制的快感。此外，受众在观看网络剧的过程中，对于身体和时间的掌控是完全自主的。受众对于网络剧文本可以产生回应，也可以不回应；可以哈哈大笑，也可以自言自语；可以积极投入，也可以只做旁观者。观影这一活动，成为一种不需要逻辑思维投入的活动。不管哪种状态，受众的思维和身体都可以从生活中抽离出来，进入只属于自我的情境，所有社会生活的理性思考和压力都不复存在。

其次，这种轻松感受是对于压力和问题的逃避。受众在实际生活中不可避免地会需要解决各式各样的实际问题。在观看网络剧的时候，受众可以暂时性地逃避这些问题。观看中受众和网络剧文本共同在思维和物理空间，形成一个相对封闭的环境。在这个环境里，受众可以沉浸在剧集中，并阻隔外部世界的打扰。有一位受访者使用"结界"来形容这个属于受众自己的相对隔绝、封闭的空间。"结界"在玄幻类网络剧中频频出现，指通过超自然力量隔离出来的特殊空间，是保护入侵的防御方式。结界在时空上脱离现实而存在，在其中受众可以免受外界问题的困扰。受众通过这种方式，逃避压力和社会生活中的问题。身体和思维都可以免除社会义务和要求，获得轻松愉悦的感受。

荷兰著名历史学家赫伊津哈在其《游戏的人》一书中，提到相似的概念。游戏构建了一个"魔环"（magic circle），使参与者与外部世界暂时隔离开来，参与者在"魔环"之内可以经历一个暂时性的社会系统[38]。这个社会系统同现实多有区别，是现实的再现和改造。戏剧可以被看作一种"通过再现的现实化"活动，它将比喻性的展示与日常生活"划分出来"（staked out），创造一个参与者独属的"神圣空间"，在这个空间中暂时的真实世界被有力地划分出来，这样参与者才能像在过节一样欢快和自在地肆意放松[39]。

再次，受众这种逃避式的轻松感受，其实是压抑被移除后一种释放的快感。获得释放快感的前提是压抑感受的存在。这种来自外部的社会实际，也许是紧张忙碌的工作和学习，也许是很难达成的目标计划，同时来自受众内化的社会期待和要求。受众在生活中时时刻刻都会受到规训力量的影响，哪些行为会被社会接受、赞许，哪些行为会受到指责、限制，受众都有着清晰的认知。但是，当受众无法完全按照规定那样生活和行动时，压抑感就会出现。网络剧观看正好提供了逃避压抑的途径，观影中受众可以暂时不必思考解决生活中的问题，不必完成社会规定的活动，完全沉浸在幽默有趣的情境中，这对受众而言，有着强烈的吸引力。并且当虚拟社区中的其他受众，都表达出同样的压抑感和狂欢释放时,这种为群体认同的快感会进一步增加逃避的快感。

(三)奇观凝视的刺激感

凝视,在视觉及视觉隐喻研究中,将其本质归究于其中的社会性权力机制。凝视是一种关于主客体之间权力关系的观看方法,体现权力关系的对抗。凝视中,观者被权力赋予"看"的特权,通过"看"确立自己的主体位置;而被观者在沦为"看"的对象的同时,体会到观者眼光带来的权力压力,通过内化观者的价值判断进行自我物化[40]。文化批评主义者在对于凝视的探究中,结合对于父权中心主义、种族主义、性别主义等社会现象的严厉批判。如果将凝视放入网络剧的个案分析中,原本处于被规训地位的受众,在观影中权力地位就会发生转换——受众从生活中的弱势地位,变成赋权后的"观者"。受众通过使用"看"的特权,确立自我的主体地位,并对作为客体的文本内容进行审视。这不仅使受众获得一种掌控和主导的快感,也使受众可以更加深刻地体验到,凝视网络剧的奇观所带来的刺激性快感。

费斯克和巴特都以摔跤这项活动为例,阐释大众奇观的特质。身体在大众奇观中占据中心地位,并且以过度夸张、丑怪荒诞为突出特征。费斯克明确提出,奇观夸大了因观看带来的快感[41]。奇观对于物体、场景、人物的肆意夸大,极力凸显浅层表象,拒绝意义,也拒绝深刻的思考。或者意义就是表象本身。奇观要求身体的在场。受众从奇观观看中,获得的是身体感官上的快感。在网络剧中,所有脱离常规,或者有违主流规范的现象和行为,都可被视作奇观,如千差万别的表现形式、天马行空的叙事发展、充满粗鄙俚语的对白、露骨的性符号展示等。这些在严肃性、主流性、官方性的文本中,被看作是不恰当的,因此被排除在这类文本之外。而网络剧可以让受众看到这些奇观,带给受众强烈的愉悦刺激。

例如,作为奇观的粗鄙,带给受众刺激性的快感。网络剧中充满粗鄙的言行,而且被以一种夸张的形式呈现。行为方面,不断出现洗脚店中的暧昧交谈,一言不合就群殴,以及坑蒙拐骗、欺善怕恶等。语言方面,网络剧有大量俚语,甚至是不登大雅之堂的污言秽语。这本是在日常生活中普通存在的语言行为,却被许多文本排斥在外。

受众在网络剧中接触这类言行,首先将其作为不会在其他文本中出现的奇观进行观看。作为观者,受众对于这些以幽默诙谐的表象包裹起来的粗鄙,在大笑的同时,接受程度颇高。这些言行未被社会交往的礼仪和规范接受,却被认为真实地展现大众不受约束的行为和心理。规范的言行被不屑,僭越和出格被肯定。

此外,对于身体和性的凝视,也给受众带来快感。巴特用性的隐喻来解释快感中的狂喜,强调性带来的身体快感对于社会规范的回避。"肥皂剧中的特写镜头能产生极乐"[42],慢动作回放的丰满嘴唇,眯缝斜视的双目,湿润略带沙哑的嗓音,这些在屏幕上都被放大,真切刺激受众的感官。网络剧提供了诸多的性暗示、性符号、暴露的身体,供受众凝视。通过性的刺激,引起的属于身体和感官的最直接快感,脱离意义和主体,只注重未经解读的体验和感知。关于性的玩笑、暗示层出不穷,暴露、夸张的身体部位不断出现,或隐晦、或直接的性展示也屡见不鲜。

受众在这些零零散散却又持续不断的身体凝视中,迷失社会意义的自我,摆脱社会行为的标准和规定。值得注意的是,这与20世纪70年代劳拉·穆尔维所批判的凝视的性别差异发生重要的转变。穆尔维将电影中的女人作为形象,男人作为看的承担者,指出在一个依据性别的不平衡来安排的世界里,看的快感以男性为主导者,分为主动的男性和被动的女性[43]。在当代的网络剧中,男性和女性同时被放在凝视的两边,互相对望。二者同时作为主动和被动的看者与被看者出现。对于身体凝视的快感不只属于一种性别,而是可以被所有受众感知。

三、尴尬的快感

(一)冲突之处的尴尬快感

费斯克在对大众快感的研究中,提出快感中存在另一种"由尴尬而生的快感",并且尴尬是一种"关键的快感",这种尴尬的体验发生在保守与颠覆、宰制与服从、自上而下与从下向上力量间的冲突之处[44]。网络剧中遍布的戏仿拼贴、插科打诨、粗俗鄙陋,是被主流文化所限制的文本形式和内容。主流文化要求与网络剧文本的这种差异和冲突为受众所感知。受众感受到这种不协调的暴露和凸显,也是感受到尴尬的过程。最重要的原因是,受众在体验到权力阶层和规训集团的意识形态价值规范的同时,也体验到与其相悖的非权力阶层和被规训者的日常价值。因为代表被规训者价值的意义是不会自然而然产生的,而是经历了对抗和抵制的过程。获得被压抑或规训的意义产生的快感,无法毫不费力地自由体验,只有通过抵触那些企图训诫和驯服这些快感的力量,属于被规训群体的快感才能显现。

网络剧受众的尴尬,恰恰带有这样的标记。网络剧一度被主流文化斥之为低俗之作,认为充其量只是粗制滥造的影视文本,根本同崇高、深刻等标签毫无关联,除了作为"青年亚文化"的形式,实在不值一提。非常典型的批判是:网络剧内容简单粗俗,迎合的是低级的欣赏趣味,因此会降低受众的辨别能力;其中表现的暴力和犯罪、毫不遮掩的性,损害了法律和秩序的权威。在电视节目刚刚通过那个闪动的屏幕到达千家万户的时候,也曾受到主流文化同样的质疑和贬斥。这在文化的历史进程中已经屡见不鲜,正如韦茨等在其丛书中论述的那样[45],早在19世纪人们就曾用类似的理由禁止大众集市和节日活动。这其中隐含一种担忧,那就是被规训群体的快感会带来社会秩序的破坏,因为这些快感逾越规范而不受控制。

网络剧受众在颠覆或抵制主流文化的戒律时,也在矛盾的复杂交错中,将这些戒律内化成自身对于社会规范认知的一部分。一方面,受众感知到主流文化对于网络剧的排斥;另一方面,主流文化的强大影响力并没有强大到足以阻止受众观看网络剧,或者没有成功地摧毁受众观影的兴趣和期待。这两个方面力量的碰撞,就使受众尴尬、困窘于他们观看剧集时所获得的其他快感。实质上,这种尴尬本身就是快感。可见尴尬是网络剧受众一种重要的快感,它兼收并蓄规训者与被规训者、戒律式与僭越式的价值观。尴尬的快感,发生在社会意识形态意义处于被压抑地位的力量与压制力量发生冲撞的瞬间。受众就在这些冲突和碰撞的时刻,从自我的窘迫地位中体验到尴尬的快感。

(二) 尴尬体验的发生

1. 承认喜爱网络剧的尴尬

在部分受众的观念之中,网络剧同其他通过互联网进行的娱乐活动一样,如受访者所言,是"在网上的事儿"。而这些"网上的事儿",在社会主流人群的认知中,被贴上混乱、粗俗、低级、无聊等负面标签,属于亟需强力监管的对象。也正是这个原因,主流文化对于网络剧的态度要么贬斥训责,要么置之不理。受众从生活的实际体验中,非常容易感受到这种排斥。因此,一种属于游击队员式的观影行为就出现了。受众尽量避免在正式场合、或者说是在秉持主流文化意识的人群中提及和讨论网络剧,也会谨慎表达对于网络剧的喜爱。当对于网络剧的喜欢和依赖被直接表达出来,对于网络剧带来的愉悦感受也就被不经掩饰地传达。明知不受认可、却受个体欢迎的这种矛盾造成了尴尬,也使受众体验到快感。有受访者表示:

"毕竟网络剧在我身边的家人、领导看来,就是不靠谱。有一次我们公司周末出去春游,坐在车上的时候,我就特别无聊,很想看一集,当时我们经理正好坐在我旁边,我那个忍啊,就没看,怕他说我幼稚。"(受访者:像双鱼座的天蝎座)

2. 所属群体的尴尬分享

网络剧的受众会接受到各种对于网络剧的反对信息,但是当网络剧爱好者一起观影时,受众就会找到自己的所属群体,找到与自己具有相同价值观、兴趣、品味的人群。这个群体有着共同的特征:青年人士、缺乏社会和文化的影响力、被规训的对象。当具有相同特质的受众共同观影时,这种对于意识形态的回击就会更加强烈和敏锐,而造成的尴尬也更加明显。同其他人一起观看时,这种窘迫的体验会更加明显。在与生活中的同事朋友、网络社区中的其他受众、出现在弹幕中的评论者一起观看时,积极的讨论和更多的解读糅合了文本本身和意义再生产的双重刺激,受众体验到的冲突和尴尬愈加频繁和明显。例如,看到"不应该"出现的血腥暴力镜头,听到挑逗意味过于明显的对白,接触到被限制的话题和主题,等等,经过讨论和发酵,造成更强的尴尬快感。这时,受访者也不免感叹:

"这也能播?不忍直视啊,辣眼睛。但是应该是真的吧,我们论坛里有人就说他干过这事儿。说实话可以,但不能老说实话,尴尬呀。"(受访者:黑色的信仰)

3. 回避禁律的尴尬快感

最能直接体现这种尴尬快感的行为,莫过于受众对于"禁播、整改"网络剧的态度和应对。网络剧的狂欢情绪影响生产者和观看者,这些不着边际、天马行空的内容,使网络剧屡屡遭到管制。含有过多血腥暴力、传播色情粗俗、带有封建迷信思想,这些都是网络剧被永久停播、或者勒令删改后再审查的主要原因。受众对此有截然相反的看法,认为"剧里的曲曲折折,只有我们这样的人才能懂得"。

一位受访者在访谈结束后,主动打来电话,表达对于喜欢的网络剧被禁播的态度:

"你知道吗?《罪 2》下架了,而且是全网下架整改,说是不适合播放。难过死了。刚刚放假回来,想到上班就心情不好。太好看的剧了,绝对的良心制作。眼看大 Boss 就要现身了,大结局的时候下架,太难过了。我

不管,谁知道改成什么样。赶紧要找资源,存起来。"(受访者:Pdjeid1999)

受众不关注剧集内容的社会作用和引导性等功能,注重网络剧在消遣娱乐方面带来的快感,而且许多受众认为,网络剧看似夸张荒诞,实则表达真实的生活。所以,每一部网络剧都有其特定的受众群体,他们肯定和观看,并从中获得快感。例如,曾被要求整改的网络剧《太子妃升职记》《无心法师》《盗墓笔记》《探灵档案》等,其点播次数突破数十亿。对待被下架、整改的剧集,受众更加好奇,因此,在禁律之后会从各种渠道和途径寻找未删减的剧集进行观看。明知被禁、更要观影的这种尴尬,给受众带来强烈的躲避禁忌的抵制性快感。

本章参考文献

[1] 注:"pleasure",有时译为"快乐".例如,在《理解大众文化》(中央编译出版社,2001年版)一书中,"pleasure"一词被翻译成"快感";在《电视文化》(商务印书馆,2005年版)一书中,"pleasure"又被翻译成"快乐".

[2] 柏拉图.王晓朝译.柏拉图全集(第三卷).北京:人民出版社,2003,178.

[3] 柏拉图.王晓朝译.柏拉图全集(第三卷).北京:人民出版社,2003,239.

[4] 亚里士多德.苗力田译.尼各马科伦理学.亚里士多德全集(第八卷).北京:中国人民大学出版社,1994,223.

[5] [德]康德.邓晓芒译.判断力批判.北京:人民出版社,2002,37.

[6] [德]尼采.周国平译.偶像的黄昏.北京:光明日报出版社,2000,21.

[7] [美]赫伯特·马尔库塞.黄勇,薛民译.爱欲与文明.上海:上海译文出版社,2005,99.

[8] 汪民安.文化研究关键词.南京:江苏人民出版社,2007,171.

[9] 弗洛伊德.严志军,张沫译.文明及其不满.一种幻想的未来——文明及其不满.石家庄:河北教育出版社,2003,69.

[10] [法]福柯.刘北成,杨远缨译.规训与惩罚.北京:生活·读书·新知三联书店,1999,201-202.

[11] [法]米歇尔·福柯.张廷琛等译.性史(第一、二卷).上海:上海科学技术文献出版社,1989,8.

[12] [美]约翰·费斯克.王晓钰,宋伟杰译.理解大众文化.北京:中央编译出版社,2001,60.

[13] [美]约翰·费斯克.李彬注译.关键概念:传播与文化研究辞典.北京:新华出版社,2004,210.

[14] [英]索尼娅·利文斯通.理解电视:受众解读的心理学.北京:新华出版社,2006,82-83.

[15] [美]约翰·费斯克.王晓钰,宋伟杰译.理解大众文化.北京:中央编译出版社,2001,68.
[16] [美]约翰·费斯克.王晓钰,宋伟杰译.理解大众文化.北京:中央编译出版社,2001,61.
[17] Stuart Hall. Encoding and decoding in the television discourse. *Stencilled Paper 7*. University of Birmingham, Centre for Contemporary Cultural Studies, 1973, 10.
[18] [美]约翰·费斯克.王晓钰,宋伟杰译.理解大众文化.北京:中央编译出版社,2001,69.
[19] Leo Calvin Rosten. *Hollywood: the Movie Colony, the Movie Makers*. New York: Harcourt Brace, 1941, 28.
[20] Hall, Stuart, Ian Connell, Lidia Curti. The "unity" of current affairs television. *Working Papers in Cultural Studies*. Birmingham University: CCCS, 1976, 9:51-94.
[21] 利萨·泰勒,安德鲁·威利斯.吴靖,黄佩译.媒介研究:文本、机构与受众.北京:北京大学出版社,2005,37.
[22] [美]约翰·费斯克.祈阿红,张鲲译.电视文化.北京:商务印书馆,2005,136.
[23] Raymond Williams. *Culture and Society*. London: Chatto & Windus, 1990, 313.
[24] Sam Brenton, Reuben Cohen. *Shooting People: Adventures in Reality TV*. London and New York: Verso Books, 2003, 98.
[25] [美]约翰·费斯克.王晓钰,宋伟杰译.理解大众文化.北京:中央编译出版社,2001,69.
[26] Levine, Elana. Toward a paradigm for media production research: behind the scenes at general hospital. *Critical Studies in Media Communication*, 2001, 18(1):66-82.
[27] [美]约翰·费斯克.王晓钰,宋伟杰译.理解大众文化.北京:中央编译出版社,2001,69.
[28] [美]雪莉·特克.谭天,吴家真译.虚拟化身:网路世代的身分认同.台北:远流出版事业股份有限公司,1998,3-4.
[29] [美]雪莉·特克.谭天,吴家真译.虚拟化身:网路世代的身分认同.台北:远流出版事业股份有限公司,1998,3.
[30] [英]安东尼·吉登斯.赵旭东,方文译.现代性与自我认同.北京:生活·读书·新知三联书店,1998,58.
[31] [法]米歇尔·德·塞托.方琳琳,黄春柳译.日常生活实践:1.实践的艺术.南京:南京大学出版社,2009,35.
[32] [英]安吉拉·默克罗比.田晓菲译.后现代主义与大众文化.北京:中央编译出版社,2001,35.
[33] [美]约翰·费斯克.王晓钰,宋伟杰译.理解大众文化.北京:中央编译出版社,2001,44.
[34] [美]约翰·费斯克.王晓钰,宋伟杰译.理解大众文化.北京:中央编译出版社,2001,98.
[35] 西蒙·威廉姆斯,吉廉·伯德洛.身体的"控制"——身体技术、相互肉身性和社会行为的呈现.朱虹译.汪民安,陈永国编.后身体文化、权力和生命政治学.长春:吉林人民出版社,2003,399.

[36] [美]约翰·费斯克.王晓钰,宋伟杰译.理解大众文化.北京:中央编译出版社,2001,63.
[37] 夏忠宪.巴赫金狂欢化诗学理论.北京师范大学学报(社会科学版),1994,5:74-82.
[38] 周逵.作为传播的游戏:游戏研究的历史源流、理论路径与核心议题.现代传播(中国传媒大学学报),2016,7:25-31.
[39] [荷兰]约翰·赫伊津哈.多人译.游戏的人:关于文化的游戏成分的研究.杭州:中国美术学院出版社,1996,16-17.
[40] 陈榕.凝视.赵一凡.西方文论关键词.上海:外语教学与研究出版社,2006,349.
[41] [美]约翰·费斯克.王晓钰,宋伟杰译.理解大众文化.北京:中央编译出版社,2001,102.
[42] [美]约翰·菲斯克.祈阿红,张鲲译.电视文化.北京:商务印书馆,2005,332.
[43] [英]劳拉·穆尔维.视觉快感与叙事电影.吴琼.凝视的快感.北京:中国人民大学出版社,2005,8.
[44] [美]约翰·费斯克.王晓钰,宋伟杰译.理解大众文化.北京:中央编译出版社,2001,78.
[45] Waites, B., Bennett, T., Martin G.. *Popular Culture: Past and Present*. London: Routledge, 1981, 327.

第五章
受众话语表达与社会情境

第一节 受众的主体性与言说

一、受众主体性与社会交往

(一) 媒介的意识形态

意识形态,毫无疑问是一个复杂的术语。在不同的历史时期和研究语境下,意识形态有不同的内涵。

1. 早期马克思主义的意识形态分析

意识形态的分析可以追溯到 20 世纪欧洲的马克思主义。在马克思主义的社会批判中,意识形态通常指代带有政治的含义,当权者通过意识形态曲解和误导事实,使权力运作合法化。意识形态被看作强大的社会控制机制,社会按照这种机制运行,统治阶级将代表其利益的观念体系强加于被统治阶级的思想和行为中。意识形态分析是关于权力的分析,集中于社会控制的问题,探讨一部分社会群体如何通过意识形态的运作,将他们的利益作为社会总体的利益。

2. 葛兰西的霸权思想

葛兰西关于霸权的研究,是意识形态研究中的重要理论。葛兰西于 20 世纪二三十年代,在霸权观念中将文化、权力、意识形态联系在一起。统治阶级不仅通过武力获得权力,而且通过文化和意识形态来获得权力。权力被应用于政治领域、文化领域、日常生活领域,构成人们适应的社会现状。统治群体积极探索有效的方式,推行文化霸权,使他们的观念为社会中的其他成员接受、形成共识。意识形态,作为自然而然的常识,塑造了深层次的文化信仰,排除了所有的争议。人们的常识一旦形成,也就同时接受了社会关系中的观念、判断和意识形态。

3. 媒介中的意识形态

英国文化研究的重要人物霍尔认为,大众媒介是文化霸权表征和运作的主战场。媒介形象不是简单真实地反映世界,而是为各种行为和活动赋予特定的意义。媒介定义外部世界的真实,而不是重新建构它的真实。媒介通过筛选、展示、建构等方式,"表征"(representation)世界和事件,使它们变得有意义[1]。媒介表现同权力、意识形态等交织在一起,按照主流思想重塑基本事件和价值,从而为霸权提供支柱。

在日常生活中,意识形态又表示为一种对于人和事的固有观点。当通过一种媒介文本来讨论其背后的意识形态时,其实是要对隐含的社会意义进行探讨。意识形态同世界观、价值观等观念相互联系,但是具有比这些观念更为广泛的指代。在这种语境下,意识形态可以被看作一整套的意义体系,它是人们定义和解释世界的工具和标准。

克罗图和霍伊尼斯认为,在大众媒体文本中,意识形态作为一种规范出现。意识形态"不仅指关于世界的信念,而且指对世界的基本定义方式,媒介在我们面前描绘出社会互动和社会制度的画面,这些社会制度在形成广泛的社会定义方面起到至关重要的作用"[2]。媒介内容的整体表征,说明哪些是规范、正规的,哪些是不规范、不正规的。传统大众媒介,不管是报纸还是电视,都倾向于展示窄化的言行和生活方式,边缘化或遮蔽那些不符合社会规范的行为。

(二) 社会关系中的受众主体

关于主体性理论的探讨,古希腊以降历经实体主体、认知主体、生命主体的发展历程。黑格尔在其《精神哲学》中讨论了"生命的形式上的主体性"和"感觉灵魂的实在的主体性",指出"前者并未意识到拥有客观意识,是构成客观生命的环节;后者的主体性是实在的,是具有特殊定在的灵魂生命"[3]。自由的个体、批判的权利、行动的自主、哲学意识的理念化,这四个方面被其看作主体性的重要表现。

"当个体达到思维的普遍性,并把理论的态度和实践的态度结合起来以贯彻自己的目的时,他就体现着真实的主体性"[4]。个体通过实践行为,参与社会和国家生活,探求自然和人类社会运转的规律,接触和研究哲学、艺术、文学、宗教。在这一发展过程中,领会和认识客观世界的演变过程和内在规律,从而实现个体精神从原始意识到哲学意识的重要转变。这种意识转变，旨在发挥个体自由的创造性，在不断变化的过程中实现真实的主体性。

当代哲学发展中的语言学转向，将对于主体的讨论带入日常生活和语言交流的情境，正如哈贝马斯提出的交往理论和伽达默尔倡导的哲学诠释学。语言被看作人存在的方式，语言作为工具和形式，定义了人与存在的关系，也决定了主体之间的关系，而这种关系就是对话与交流。

奥沙利文等研究者在总结对于主体的观点时，分别从政治、哲学、语言学三个角度进行概括。首先是政治角度，主体是国家中的臣民、法律中的公民，是遵守和服从权力的群体，其自由行动的权力受到约束和限制；其次是唯心主义哲学的角度，主体意指思维的主体、自由意识的活动场所，如黑格尔所言，主体包含主体与客体、意识与现实的界限和区别；再次是语言应用角度，主体是主语，是话语和文本中的行动者，是行为或思想的决定者[5]。

在语言学影响下，语言、话语、文本成为同主体相关的重要概念。话语不仅是主体行为，也是产生主体的过程。作为社会中的成员，主体是在对话和交流、表达和倾听中，进行意义解读的场地。这些被解读的意义，不仅是文本或话语的意义，更是主体自身的意义。

费斯克在研究电视受众过程中提出，文化研究中主体作为个体出现，研究关注各种文化对于个体的理解，以及我们作为个体对于自我的理解。在社会关系网络中构建的个体意义，就是受众的"主体"[6]。

网络剧受众的主体性，是社会关系的产物。社会关系通过社会、语言和心理等方式，对受众产生影响。受众的主体性并非是作为孤立的人的个体特征中天然存在的，而是在受众生活的社会中各种力量共同作用的结果，这种主体性是作为个体的受众与他人共有的特征。影响受众的社会力量纷繁复杂，并且彼此交错渗透，同时与所有受众的生活发生关联，塑造受众的社会体验。因此，作为社会性主体的受众在社会力量的逐力中，处于不断变化的状态。

（三）社会主体与价值认同

受众的主体性在社会中生成的方式多种多样，因为这些方式已经转化成文化常识，即"作为一种生活方式"对受众产生影响。在文化研究中，性别、年龄、阶级、家庭、国别、民族等因素，通常是社会主体形成的重要方式。这些因素是获得认同的社会性结构，鼓励受众对于文本或者内容产生认可。哈贝马斯认为："理解的重要条件之一是言说者必须选择一种确切的话语，以便听者能够接受它,从而使言说者和听者能够在一个以公认的规范为背景的话语中得以认同。"[7]

网络剧的受众不仅是异质的个体,也是在某个特定层面的同质主体。只有当受众了解网络剧中隐含的社会价值时,才有可能理解文本、接受文本和认同文本。以网络剧《万万没想到》为例,如果要理解该剧,受众就需要认同社会底层人群,因为该剧中默默无闻的男主角善良坚韧、乐观单纯、令人喜欢;同时要认同社会权威的消解,因为众多强势人物和权贵阶层在剧中道貌岸然、贪婪愚蠢;此外,对于戏谑一切、调侃世界的做法,认同是必须的,因为这是贯穿这部剧或者说所有网络剧的叙事风格。

这些抽象的价值取向和观念,在剧集中都有具体的表现,并在受众观看的过程中,构建了由受众占领和统一的主体地位,这样受众才能理解文本。网络剧通过具体的视觉和听觉符号,将受众认可和接受的社会价值植入文本,等待受众的解码。在这一过程中,不可忽视的是受众本身的意识和价值标准。网络剧为扩大受众群体,以获得更多的受众数量为目标,因此,如何与受众的价值匹配契合,生产出为受众认同的文本,是网络剧的核心原则。如果说电视剧还在引导和涵化受众、推广主流价值标准方面存在可能性,网络剧则是完全以受众的价值标准为蓝本,全力寻找文本同受众之间的契合点。如果对于网络剧中隐含的价值不赞同,将无法理解文本传达的价值,更加无法对文本产生认同。因此,也就无法体会作为主体的愉悦感。可见在受众的生活中,社会性的力量和自身的价值观念一直都在合力建构受众的主体性。

正如电视剧一样,网络剧把社会力量及其意义组成具有一致性的协调文本,再把这种一致性通过受众推广到超越文本的、涉及实际生活的意识形态。这些文本中的意识形态被固化,成为受众认可的常识,引起认知变化和行为变化。

网络剧为受众构建一个理想的主体地位,等待受众占领,使受众体验到与自我标准相同的认知和实践的默契,从而感受到意识形态的快乐。网络剧呈现的关于世界的意义,与受众的主体性重合。因此,可以说受众主体的意义和网络剧文本的意义,二者的相适应程度取决于受众在日常生活中的意识形态实践和网络剧意识形态的契合程度。二者如果相近,网络剧为受众建构的主体地位就非常容易获得。可见网络剧受众在接触和解读文本时的社会主体性,恰恰体现了受众共同的价值认同。

二、网络剧受众的话语建构

(一) 内化的受众话语

话语,在政治学和社会学中,越来越多地被赋予社会权力的内涵,作为社会化、制度化和历史化的意义进行探讨。在福柯的话语理论中,话语超越语言学的界限,被广泛应用到社会研究中。话语,代表语言符号之外的社会生活规范。符号构成话语的形式,这些形式由背后隐藏的受社会语境控制的建构原则。在不同的历史时期,不同的话题、对象、陈述、概念都有限定性的话语实践原则。这体现了语言符号对于知识和权力的生产。

话语包含彼此联系的一系列文本之间的生产实践和流通传播。这些文本中的细节表露使用者的社会地位和价值态度,反映社会行为和取向,并通过这种方式创造和建构社会成员的行为规范和认知世界。话语在历史现实、社会身份和社会运转的建构中,其作用、力量和影响远远超出作为信息符号的语言所承担的意义。

话语不仅可以生产历史、知识和真理,而且能够建构社会现实和群体关系,建构话语主体和知识对象。正如福柯看到的那样,真理知识、社会行为、社会机构和关系,甚至包括主体,都是历史的建筑物。话语蕴含复杂的社会权力关系,在社会行为发生之前,已经在实践对于讨论话题和主体地位的规定和控制。话语的生产,受到语言使用的社会规范和制度化机制的影响。社会情境为话语意义的生产提供制度化依据,正是在意义的制度化过程中,人们获得各式各样的主体性特征。"当主体使用某一种话语时,这些各不相同的形态则归结为不同的身份、位置,主体能占据或接受的立场,归结为主体言及领域的不连续性"[8]。这些主体性特征包含性别、年龄、阶层、种族等。

同样,语言和符合系统构建了受众的主体性。任何表征系统都与它所来源和赖以运转的社会体系有着密切的联系。这种联系是积极的、内化到参与者意识中的。各种意义和框架,都在支撑、保持某一种社会关系的合法性和稳定性。当受众对话语做出反应,即为对话语内涵的接受,正是在这个过程中受众接受话语准备的主体地位。

迁移到网络剧的受众,如《极品女士》,受众在进行观看时,把自己当成一事无成、备受压制的普通青年,从她的视角认知世界。而当受众以这种方式来理解该剧时,就采取话语为他们准备的主体地位。因此,观看过程也就是一个受众意识形态主体形成和不断强化的过程。

网络剧用话语对受众的存在表示认知。这种认知,一方面通过语言表达,如剧中人物看着摄像机、通过屏幕直接向受众说话;另一方面通过非语言的表达,如眼神、语调、表情等,同受众建立密切的、明确的联系。网络剧承认并构建了受众的主体地位,并将其作为意义共鸣的场所,使含有这些意义的话语为受众所接受。

广大的受众由数量众多并且类型多样的亚文化群体组成,他们有着各式各样的社会关系,也有着各式各样的社会生活和文化体验,因此,在接触和理解文本内容时,就产生了各不相同的话语。但是,网络剧文本力图在这些差异之中,建构统一的典型特征,挖掘作为受众的话语内涵。

(二) 作为"网络剧受众"的话语内涵

当"网络剧受众"作为一个词语出现的时候,它就具有作为话语的内涵,成为一个在特定的时空中匿名的、历史的、有规律的整体,并且有"演变、起源、转换、连续性和历史不连续性的关联"[9]。网络剧受众作为一个群体,尽管存在个体性的差异,但是依然有共享的价值内涵。

首先,网络剧受众期待自由自在的"第二种生活"。在这种生活中,最具有吸引力的因素,就是人与人之间的平等关系。受众感受到日常生活中权威和等级带来的压力,期待打破这种压力和屏障,获得平等的话语权力。社会规训和权威在其中扮演威慑的角色。社会关系的准则不是固化群体之间的差异,而是鼓励各种各样陌生人之间的交流,促进信息和认识的沟通。受众从充满各种规范的日常生活中暂时逃离,在虚构的文本中感受无拘无束的释放。其中所有人都是平等的参与者。被人为区隔的高贵与粗俗、伟大和渺小、美丽与丑陋,彼此交错,重回一体。

其次,网络剧受众期待主宰自我的生活。正如各种统计数据反映的那样,网络剧受众是一群以青年人群为主体的受众群体。他们通常并不享有优越的社会地位或者物质财富,接受规范和限制是他们生活的常态。家长、师长、上级、主管,都在对这个群体进行教育、管理和训诫。受众在实际生活中承担执行者的角色,而且执行的标准多是他人的意见和评价。因此,受众期待可以主宰自我的生活。他们将这种期待幻化作与网络剧中底层主角的情感共鸣和认同。一方面,他们期待代表自身的社会形象可以被展示,这种展示不是作为旁观者、而是作为实施者;另一方面,他们需要认可和鼓励,因此,网络剧中不断碰壁、不断尝试的角色形象深入人心。

再次,网络剧受众期待获得轻松和愉悦。这同所有消遣类的文本被寄予的作用一样,受众在沉重的生活中期待获得逃离和解脱。现实生活中充满繁重的工作和任务,人们感到压力在所难免。而且在人们各司其职的社会中,有许多规则需要遵守,大到法律法规,小到用餐礼仪,所有的行为都有合适和不合适的分别。因此压抑感是受众的普遍心理。在急速运转的当代社会,这些焦虑和压力需要一个释放的渠道。受众期待从文化文本中体验不受这些消极情绪影响的愉快生活,使他们可以将自己从压力中释放出来。此外,除了作为释放情绪的逃避方式之外,受众期待从网络剧中获得乐趣,体验艺术、文化的趣味。或是引人入胜的叙事,或是幽默风趣的语言,或是青春美丽的演员,都能为受众带来快乐。

此外,网络剧受众期待与其他人沟通和交流。孤独感,是许多受众想要摆脱的感受。网络剧受众中有许多人都是"网络原住民",他们惯于通过互联网同其他人进行交流。分享和沟通,作为互联网精神的体现,是这一人群笃信的行为准则。受众通过网络剧结交朋友,认识有同样兴趣的人并一起讨论。这不仅能够使受众感到不孤单,而且可以通过这种交流,刺激心灵和精神层面的愉悦。许多受众将虚拟在场的共同观影,作为观看网络剧的主要乐趣。至于剧集的内容和重点,反倒变得不再重要,而只是充当纽带的角色。正如在构建共同体的过程中,传播行为本身就是方式和途径,而传播的内容、作用被淡化。

最后,网络剧受众期待获得认同。与传统的电视剧有所不同,在艺术表达、意义内涵方面,网络剧带有强烈的戏谑传统、颠覆经典的后现代主义特点。不管是何种题材、何种叙事的剧集中,都可以清晰地感受这一狂欢的特性。因此,这就为网络剧进行了初步的受众筛选。并不是每位想通过虚构类影视文本进行娱乐的互联网冲浪者,都会成为网络剧受众。如果无法接受深植于网络剧中的价值标准和取向,就无法成为"网络剧受众"这一群体中的成员。在网络剧的受众看来,他们的行为并非主流价值所认为的离经叛道,也不是研究者眼中的亚文化表达,这就是他们的生活方式和日常行为。对于文本意义生产者式和冒犯式的解读,就是受众寻找具有相同看法的人群、获得认同感的重要途径,而网络剧受众的愉悦感受也有很大一部分来源于此。

三、言说与回应:受众话语表达

(一)受众言说

受众观看网络剧的过程,也是解码的过程,实践着受众主体性的地位。作为意义生成的场域,受众同时兼具意义解读和意义生产的任务。在接触网络剧文本之前,受众已经有了各自的认识和价值观念,有了期待获得的情绪和感受,有了自己需要言说的话语意义。观看,正是对"网络剧受众"这一话语的实践。

首先,受众有着言说和表达的需求。

网络剧受众也是社会关系网络中的节点,具有同其他节点有所区分的特征。不管他们年龄和性别如何,都受到推陈出新、日新月异的网络文化影响。普遍的开放性是他们不可忽视的特征。他们相信分享和表达,注重交流和沟通。对于他们而言,文本意义是在同其他人的讨论中不断碰撞和调整的结果,并非是固定不变的预设模式。因此,正如在调查中发现的那样,网络剧受众倾向于选择打破常规的、不循规蹈矩的娱乐性文本。不得不承认,目前电视、电影等影视文本中传达的意义,无法较为全面地展示在互联网时代成长起来的受众所秉持的言说内涵。深植于这类传统的影视文本中的刻板表达,被寄予引导、教育、训诫的现实目的,而忽略了新成长起来的受众的意义需求。因此,它们无法代表受众表达文化层面的需要,受众在网络剧文本中寻找表达的可能性。

其次,受众的言说表达自身的价值和观念。

网络剧受众有自身的价值评价标准和期许,正如他们观看网络剧的目的一样,受众期待经历愉快轻松的日常生活,期待与其他受众的沟通交流,期待表达和认同。如果将这些期许推演到文化意义层面,受众期待的是话语权力的实现。网络剧受众是生活在社会文化中大众的一部分,他们通过网络剧文本表达自己在文化中的话语和影响力。大众在很多文本中的形象,是被主流价值观念建构完成的,视角也并非普通大众的日常生活,更多的是传达理想化的、结构化的大众生活图景。受众的话语权,意味受众可以拥有合适的渠道、应用恰当的方式、表达自身的观点。受众在表达的同时,希望他们的观点可以被社会所感知、接受和认同。其中,受众的观点和倾向受到尊重,不是主流意识训化的对象,或者社会压力的出气阀,而是一种现实存在的文化需求和形态。受众的言说,传达的是受众的声音。

再次,受众的言说可以在网络剧中找到实现的路径。

从最直接的观看行为来看,网络剧受众通过鼠标点击,决定一部网络剧的命运。从经济的角度来看,在互联网环境下,文化产品的受关注度和被喜欢度,直接影响网络剧文本的生产。受众青睐的剧集,获得的点击量就多,相应地对于该剧的投入也会增加。反之,很有可能剧集会停止发展,被生产者放弃。在观看的同时,受众可以实时表达观影的感受,对文本进行回应。受众的观点和意见可以在第一时间表达和传播,并且可以被包括制作者、播放平台、剧作者、演出者、其他受众在内的所有人了解和感知。这种表达的过程,就是受众言说的方式。不管剧集是否可以按照自己的意见演变,表达就是一种具有仪式性的交流。如果可以直接加入网络剧文本最初的生产和制作环节,就意味着受众可以从最初的源头,将自身的价值观点通过网络剧而实现。这在传统的精英主义主导的媒介运作模式下是不可思议的,而在当前的数字化生产中,却是受众言说的重要渠道。

(二)网络剧实践受众言说

网络剧实践着受众的言说需求,与受众合力构建了目前网络剧的格局。这不仅包括意义内涵的共同决定,也包括表达形式的共同选择。

网络剧为大众所创。追溯其源头,网络剧就是大众文化的产物。这样的表述,并非为了强调大众文化对于网络剧的影响和促进,而是为了阐述网络剧是由大众生产的文本这一事实,也是为了将网络剧同精英主义和专业主义的文化形式相区别。在网络剧还未形成今天的态势之前,很多受众都是通过2006年《一个馒头引发的血案》这类搞笑短片,开始感受网络影视文本的狂欢特质,并在不自觉的过程中推动网络剧的发展。网络剧的雏形是由大众创造的,体现大众的审美志趣和观影心理。在业界和学界,都有人将网络剧称为"网络自制剧",以此来定义它的来源之处,并和传统电视剧进行区分。这是一个体现历史的命名,也是受众本位的命名。随着网络剧的发展,众多的视频网络、影视公司甚至传统电视台,都加入网络剧制作的潮流。但是,对于受众的重视和对于网络剧缘起的思想传承,并未中断和改写,受众话语的表达被推向新的阶段。

网络剧以受众为核心。一直以来,获得更大规模的受众是网络剧的核心目的和原则。这就要求网络剧成为被受众认可和喜爱的文本,最便捷的实现路径就是同受众站在同一个视角,表达受众希望表达的意见,为受众实现言说的目标。就像埃利斯在讨论电视为其受众传递声音这一功能时表述的那样:"电视观察世界(包括虚构世界和真实世界)的立场,由它与受众建立的共谋关系所决定。"[10]正如电视实现了受众的期许一样,网络剧同样认为它有各式各样的受众,它必须要为这些受众说话,才能寻找和获得这些受众。网络剧最需要考虑的问题以"观众想看到什么"为核心。脚本演员、叙事配音、布景道具等因素,都围绕这一核心目标来进行。即便出现在网络剧中的广告,也被按照受众的旨趣进行安排,嵌入受众的价值体系中。获得受众最好的方式就是建立同受众一样的立场,传达受众的言说。

网络剧保持对受众的开放。贯穿网络剧整个生产过程的主旨,是为受众实践言说,这也就意味网络剧对于受众是开放性的。在意义方面,对于受众而言,网络剧是一个开放性的、多义性的文本。影音符号在网络剧中并不带有固定的解读方式,而是需要受众加入已有的价值系统才能形成意义。网络剧鼓励受众参与意义的构建。此外,为了更好地表达受众的意识观念,网络剧直接将受众纳入生产过程中,并根据受众的反馈对文本进行调整和修改。播放,并不意味着生产过程的结束,只是为受众提供一个可以接触、可以讨论、可以修改的脚本而已。网络剧拥有自己的平台,搜集受众反馈,发现受众倾向,实现受众期许。网络剧的整个生产过程是在同受众的互动中完成的。在这一过程中,网络剧都是对受众开放的,受众可以随时加入、表达意见、左右发展。

可见受众观看网络剧的过程,就是同剧集文本互动的过程,是共同构建受众主体性的过程。与此同时,网络剧还是受众言说的渠道和路径,为受众表达属于自身的价值观念和标准。

第二节　社会:网络剧生产的社会情境

所有的媒介内容在生产的过程中,已经被植入社会代码,成为社会意识形态的表征。正如费斯克提出的那样,所有节目在被搬上电视屏幕的时候,都已经由社会代码加密。社会代码可以分为三级:第一级代码,是受众直接接触到的视觉和听觉符号;第二级代码,是组织这些符号的艺术表现手法和传播规范;第三级代码才是内容和符号背后最为深刻的意识形态,是解释和评价所有社会行为的标准,如图 5.1 所示。

```
一级代码——"现实"
    外表、服装、化妆、环境、行为、语言、姿势、表情、声音等
    再通过下列技术代码进行电子编码
二级代码——艺术表现
    摄像、照明、编剧、音乐、音响效果
    传播常规表现代码,并以此规范下列表表现手法
    如叙事、冲突、人物、动作、对白、场景、角色搭配等
三级代码——意识形态
    在把它们组成连贯的、被社会接受的东西时,其组织作用的是意识形态代码
    如个人主义、男权制度、种族、阶级、唯物主义、资本主义等
```

图 5.1　费斯克:电视文本的三级代码[11]

在网络剧狂放不羁的现实再现、推陈出新的艺术手法背后,蕴藏着反映真实生活的意识形态。这些意识形态所代表的意义,是网络剧生产的内核思想,也是受众评价是否"真实"体现社会生活的标准。那么,在探索网络剧的意识形态时,将其产生的社会情境和受众心理综合讨论,是很有必要的。

一、变迁:社会发展与焦虑断裂

(一) 进行中的社会巨变

近代中国百年社会,经历了数千年未有之变局,自鸦片战争开始,经济、政治、文化都以前所未有的速度发生难以预见的转变。西方世界数百年的发展变迁,压缩在中国短短数个年代的时空中完成。在历史洪流的裹挟之下,社会转型仍未完成[12]。改革开放之后,中国社会变迁的庞大规模、广阔范围、急剧速度、深刻影响,已经超出社会个体可以准确预判的范围。

如今,无论在宏观领域,还是在微观层面,无论是作为改革开放发端的农村,还是劳动力大规模聚集的城市,社会变迁莫不发生。作为生活在其中的个体,非常容易感受到的是外在的变化,如经济的蓬勃发展、城乡面貌的重大变化,迅捷的运输物流,以及服饰、生活方式的变化等。而引起这一切变化的深层内在变化,更加不容忽视,包括制度变革、关系变化、观念更新等。社会人口结构和家庭结构变迁、城市化不断推进、社会转型时期经济和消费观念变化、技术进步推动社会变化,当这一系列的变化还在继续的时候,又有新的社会浪潮袭来,并以应接不暇的速度改变社会。

在变迁中,原本长期以来维系社会传承的重要因素,如"政府主导型社会、整体利益社会、关系社会、身份等级社会、家庭伦理本位社会"[13],混合新时期的发展趋势,挣扎在固守与变革的张力之中。与其将讨论集中在变革后的社会形态,不如试着探讨正在变迁中的复杂现实。

正如费孝通提出的那样,"百年中国经历了农业社会、工业社会和信息社会的变迁,信息社会出现后,农业社会和工业社会仍在延续"[14]。农业社会向工业社会的过渡,尚在经历和讨论,信息社会现又进入日常,促使开始适应的个体进入新的情境。

21世纪以来,互联网连接"地球村",使人类重回"部落化",不断产生新的词语来形容生活现实,如数字时代、网络化社会、风险社会等。而基于技术发展的社会变迁,促使人们重新解释和定位基本的世界观、价值观。虚拟现实、人工智能、生物科技将会推进全人类的发展,也在挑战被推崇已久的社会伦理和观念。

身处宏大的社会现实剧变中,每一个个体都受到深远的影响,这种影响不仅是生活方式和物质现实的改变,也带来心理和精神世界巨大的冲击。对于正在经历这些变化的个体而言,变迁将一直持续,现实,永远复杂,未来确实不可预计。

(二) 日渐增长的焦虑与断裂

在如此急速的变迁之中,社会中的个体,对于过去有着复杂的解读,对于现状有着明显的不确定,对于未来更是不可知。因此焦虑感逐渐成为当下社会的普遍感受。

在变迁缓慢的社会中,个体以周围的人,特别是上一代人的发展轨迹为参照,对未来有着相对稳定的预测和猜想。社会的确定性较高,大多数的发展和改变都有章可循,较为容易被预见。当下的社会个体有截然不同的生长语境,可以借鉴的有效经验越来越少,不管是成功者还是失败者的经验,都会造成更多的比较和焦灼。对于未来的预测,由于不可预计的各种变数和选择而变得扑朔迷离。个体发展轨迹的改变和转向,可以在瞬息之间发生。社会中的个体,面对变化剧烈的现实,对于生活的控制感日渐降低,取而代之的是越来越明显的焦虑。

与此同时,人与人之间的区隔,成为急速变化的现实中另一种普遍心理。如今物质和信息的扩散可谓一日千里,生活中的任何人和外部环境,都有着极大的流动性。人口迁徙到达世界的每个角落,城市和乡村的面貌日新月异,人们原本熟悉的一切可以在一夕之间变得陌生。

在2015年中国社会科学院对社会心理的调查中,有7 967份有效回收问卷。其中,有37.5%的人认为很难找到可以信赖的朋友,只有25.2%的人认为容易找到可以信赖的朋友,人们深度的信任感和联结感较为缺失,内心的孤独感和与社会失去联系的焦虑感格外突出[15]。一方面,人们渴望同其他人的交流,以互联网为代表的发达的传播技术使这一目的可以轻松实现;另一方面,人与人之间基于了解和信赖的深度联结感,在可以随时联通世界的今天,却变得更加苍白。这种深刻的联结感又以共同的价值观念体系作为起点。

不可否认,变迁促进交流和沟通,对于生成新的社会关系有着至关重要的作用。但是,在不断的变化当中,不仅表层的生活方式和外观世界发生改变,深层的心理和观念也在不断被挑战,不得不做出调整。依循昨日范例,或者创造新的模式,不仅涉及变迁中的过去和现在,包含彼此勾连的社会整体,而且影响身处其中的每个个体。

(三) 社会变迁中的话语

在社会变迁之中,不可避免地产生话语规范和习俗的相对断裂,这种断裂影响一系列的社会机构和领域。费尔克拉夫用"断裂"来表示"地方性的话语秩序的某种破裂、某种失效"[16],依据这种思路,话语实践就与"马赛克"或者"协商"模式的解释路径相契合。这两种图像都包含习俗的断裂,但是,"马赛克"的意义解释强调"创造性拼版游戏的结果性空间,目的是以崭新的方式将话语链接起来",并以此创造出东拼西凑的混合物;而"协商"强调的是,"凡在习俗不再被认为是理所当然的地方,就因此存在某种需要,即要求相互作用方进行协商"[17]。在急剧的社会变迁中,断裂出现后就要求产生新的话语模式,或是挪用拼凑,或是产生新的生产者和解释者的意义。而在生产者和解释者之间,必然建立起关于话语要素表达、阐释的不言而喻的一致性。

因此,网络剧中传统和现代、经典和戏谑的碰撞,正是体现这种断裂的模糊地带,以及"马赛克"和"协商"话语模式的重新建立。网络剧再现社会情境中的变迁以及带来的问题和疑惑。过去、现在和未来,以一种超现实的手法同时呈现在文本中,每个时间话语所代表的意义,不管是传统至上,还是消解权威的观点,都被放置在同一时空,进行看似不着边际的对话。这是现代人同时处在工业社会和信息社会,对于过去和现在的想象和尝试性的解释。这种新的话语模式,是在受众同网络剧的积极互动之中逐渐产生的。网络剧呈现不拘一格的情境,受众在其中投入自身的焦灼与疑虑,通过假设性的情境和猜测,获得愉悦和安定。

麦克卢汉在对美国西部片和肥皂剧进行分析时,认为它们分别体现了变迁中的美国社会存在两种分裂的传统——边疆和家乡。边疆世界是变迁社会中思想情感的焦点之一。边疆属于过去,现代人对边疆的迷恋,是因为"西部片的世界是一个永恒的、高度程式化的世界"[18]。机械化的常规把人们搞得筋疲力尽,经济和家庭的复杂变化使人们疑惑徘徊,此时,人们需要"骑士的冲动,生机勃勃、没有顾忌的个人主义","对于被宏大的工业搞得晕头转向的人而言,幻想中的西部恢复了人的尺度"[19]。已经消失的边疆,代表现代工业社会中人们的乡愁。未来,是乡愁的另一种投影,也是一个同过去一样摒除当下生活中的程式化世界,实现充满生机、无拘无束的生活期望。

在网络剧中,历史的现实越来越模糊,影视符号表征的过去却越来越清楚。遥远的未来越发清晰,文本中的现在依然捉摸不定。对于过去和未来的种种假设和担忧,不仅促使受众偏爱"穿越"、期待逃离,也让他们挑战陈规、期待轻松和愉快。

二、分化:层级差异与群体认同

(一) 社会结构分层

在社会分层研究中,马克思主义的阶级理论、韦伯的多元分层理论是基础。当今急速的社会变迁,打破以往按照身份划分社会等级制度的基础,同时建构起新的社会分层机制。各阶层在社会文化、政治经济、生活方式及利益诉求的差异日益明晰化。

《当代中国社会阶层研究报告》以职业为基础,结合组织、经济和文化资源的占有情况,提出当前我国存在五大社会等级,即社会上层、中上层、中中层、中下层、底层,包含十大社会阶层,即国家与社会管理者、经理人员、私营企业主、专业技术人员、办事人员、个体工商户、商业服务业员工、产业工人、农业劳动者、城乡无业/失业/半失业者[20]。"橄榄型"和"金字塔型"是当前最常见的社会阶层描述:前者指上层和下层阶级较少,中间阶级为社会主要阶层的社会结构;后者指上层阶级人数最少,中间阶级增加,而下层阶级最多的社会结构。李强根据2000年第五次全国人口普查的数据,提出中国总体社会结构呈现的形态,既不是"橄榄型",也不是"金字塔型",而是一个倒"丁字型",这意味着存在一个巨大的处在很低社会经济地位的群体[21]。

按照社会结构的划分,组成社会各个阶层的群体之间,依据政治、经济、文化、社会地位等方面的差异建构一定的社会关系体系。如果从社会学角度看,改革以来的最主要变化可以归结为社会分层结构的变化[22]。处在各阶层的社会群体,有着变动的社会地位和经济利益,阶层的变动,同时意味着社会利益群体的变动。社会结构变迁,伴随社会利益群体的分化、解构、重组,并以"碎片化"的趋势发展[23]。

这种碎片化的结构,引发的是社会群体的进一步分化。决定这些结构的,不仅是职业、收入这类经济层面的显性因素,还有价值体系、文化取向等综合因素。

(二) 不同阶层的价值分异

在快速的社会分化中,人们的社会身份随之发生重大变化,而情感和价值的差异也随之而来。"社会结构分化,包括地位结构、权力结构、职业结构、角色结构、收入水平和教育水平结构的分化和差异,导致了个体对于地位不一致产生的相对剥夺感、被压抑感等负面感受,引发社会失衡与紧张"[24]。这是对于底层阶层在社会变迁中的心理描述。但不可忽视的是,不同阶层的群体对于剥夺感、压抑感有另外的诠释。在大范围的社会心理调查中,已经被证明的是,公众的所属阶层与社会认知之间存在显著的相关关系。例如,"阶层认同越高的人,越是倾向于肯定收入差距、机会平等,即越是倾向于将成功归因为后天因素"[25]。而越是认为自己处于较低阶层的人群,在社会生活中的无力感和压抑感就越是强烈。

可见社会中的个体基于自身的阶层属性,在文化、政治、经济资源等方面出现明显的差异性,阶层与阶层之间、群体与群体之间的差异性也越来越突出。这带来的是不同阶层之间在价值体系和行为方式上的区别,甚至冲突。与此同时,以前被广为接受和实践的传统社会认知和观念受到挑战,而新的社会规范和关系还在建构之中。

每个阶层都有各自的认知和观点,都希望获得表达和被认同的渠道,不仅是政治、经济层面,更重要的是文化层面,即社会意义层面。文化文本需要呈现各个阶层的现实生活,并且"为生活提供整体的形式、秩序和调子"[26]。可见作为一个处在变迁和分化中的社会,其意义系统需要涵盖各类群体,通过不同的内容和形式再现复杂的社会现实。其中,各个阶层的价值差异都可以得到公平的体现和讨论,消除弱势阶层话语的被遮蔽,呈现整个社会的文化环境,从而弥合这种分化带来的区隔。

(三) 网络剧受众与社会分层

尽管不同的阶层有不同的诉求和价值取向,但是,寻求表达诉求、展现观念的社会路径,是所有社会群体的话语表达需要。即便是按照社会结构分层,处在底层的群体也需要有展现和表达自我的常规性路径。

在现有的社会分层方式中,被广为接受的方式是按照职业和经济地位进行划分。基于《当代中国社会阶层研究报告》中"当代中国社会阶层结构图"所列的社会阶层和社会等级[28],并结合在访谈和问卷调查部分获得的受众信息,以职业和经济状况为主要参考因素,将网络剧受众嵌入其中,就可以清晰地看到网络剧受众的阶层分布,如图5.2所示。

由图5.2可见,网络剧受众涵盖从专业技术人员阶层到城乡无业、失业、半失业者阶层,对应的社会等级从中上层到底层,包括专业技术人员,办事人

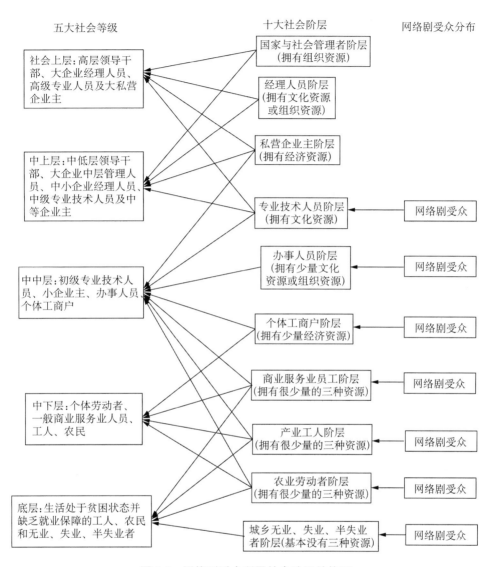

图 5.2 网络剧受众所属社会阶层结构图
（注：图中箭头表示受众在社会阶层和社会等级的归属）

员、个体工商户、商业服务业员工、产业工人、农业劳动者、城乡无业、失业、半失业者七个社会阶层，以及中上层、中中层、中下层、底层四个社会等级。在数量上，又以中中层的初级专业技术人员、小企业主、办事人员、个体工商户，以及中下层的个体劳动者、一般商业服务业人员、工人、农民，这两个社会等级作为网络剧受众的主体。

如果根据文化、经济、组织三类社会资源的拥有情况,对网络剧受众进行讨论,整体而言,网络剧受众在资源的拥有方面都不乐观。他们或是拥有少量的资源,或是基本没有。在经济层面,他们的物质并不富有;在组织层面,他们的职业也并没有带来接触和获得资源的机制条件;在文化层面,他们是跟随者和被规训者,他们的话语权力在意义生产和创造方面十分有限。

当然,按照阶层对受众进行类别的归属,在一定程度上遮蔽了作为个体的特殊案例。并非在每个阶层和等级的群体中,所有受众对于资源的获得和社会生活的影响力都是一样的,即使是同一阶层也会有不同的情况存在。但是,如果将网络剧受众作为一个整体来讨论,他们不管属于哪个阶层,对资源的拥有程度或有差异,被压抑感却是共同的心理。

因此,网络剧受众可以被看作一个注重表达、寻求认同的社会群体。网络剧受众以青年群体为主,他们是积极的社会成员,对于社会文化和意义,有自身的解读;对于社会规范和行为方式,也有源于自身生活的标准。因此,他们致力于获得表达的途径,展示和讨论属于他们的意义和话语,这在社会结构层级越来越碎片化的当代社会中显得尤为重要。此外,由于对资源的占有情况并不乐观,处于下层和底层的群体对自我和社会的的认同,比上层群体都显得更加迟疑和艰难。网络剧是他们构建认同的重要途径。受众通过网络剧这种文本,实现德弗勒和洛基奇所说的"理解社会、认识社会,作出选择和应对"[29],另一方面,网络剧同时塑造了人们的期望和精神。网络剧通过狂欢式的文本特征,聚集了受众无远弗届的开放讨论,给予受众表达与认同的愉悦感和安定感。社会权力,或许可以从代表自身的文化和意义表达开始。在这一过程中,文化的影响力和作用至关重要。在剧烈的社会变迁中,近百年来,"中国文化的变迁急剧、不均衡,呈现跳跃式的面貌,长期农耕文明积淀的以儒学为中心的乡土文化同现代工业文化、后现代社会文化相碰撞"[30]。

三、文化:从现代到后现代

(一) 后现代主义——消解的等次,模糊的边界

后现代主义,作为一种形成于 20 世纪末的风格,也作为当前被文学比喻和叙述的联想模式渗透后的社会和政治、文化理论,体现人们企盼另一个千年盛典的兴奋,也是对于过去强烈的自我质疑[31]。后现代是两个世纪之间的连接点,思考者在其中追溯过往、预见未来。人类长期积累的各种理论、设想,在过去、未来和现在的交汇处,呈现出一种出人意料、无法揣测、瞬息万变的境况。

在建筑、艺术、人文学科中,后现代主义代表对传统的现代性定义的结构、意义、美学、真理等标准提出的挑战。在社会学中,后现代主义意味对于社会非总体性的、反基础的理论化解释。后现代主义研究著名学者利奥塔,就对宏大叙述进行过批判。在他看来,在后现代时期,以黑格尔为代表的思辨哲学已经不再适用,社会和历史不再作为一个整体进行分析;不再像帕森斯的社会学理论一样,将社会看成统一的整体[32]。在时间上,后现代是第二次世界大战结束之后到当前社会的历史时期[33]。

后现代,作为一个话语,多于作为一个概念。它代表一种状况、现象、描述和解释,而不是一种固定不变的真理。对于后现代的定义,更像是在特定的情境下,对它代表的话语进行的碎片式拼贴。特别是在20世纪80年代之后,准确界定后现代主义就变得越来越复杂,因为这一话语横跨多学科、多领域的讨论和争辩,涉及社会生活的各个维度,以至于每个派别都在致力于将后现代放入自己的概念框架之内。后现代,被大家用来描述"不可通约的对象、趋势、现象的一种过剩"[34]。

在文化研究和后现代主义之间,存在不可分割的联系。霍加特、威廉斯、巴特和霍尔等将日常生活引入文化研究,对娱乐、服装、休闲、游戏这些寻常普通的生活采用高雅文化艺术的研究方式进行讨论。这在史蒂文·康纳看来,就是一种后现代的现象,它是"等次的消除和边界的模糊的标志"[35],文化领域对其他社会领域产生深远的影响,社会、经济和文化成为彼此勾连的领域,不再可以轻易分辨。

非常重要的是,后现代主义引起社会形式的转变。由于电影和电视的发明,社会形式转变成可视的影像文化形式,且在这一转变中形成一系列新的文化,对当代社会群体的生活产生冲击,并建构和重新界定原有的文化形式[36]。这种后现代主义的转变,影响了政治、经济、文化领域,尤其对大众传媒机构影响重大。在休闲娱乐的商业中心,在黄金时段的电视剧、晚间新闻、娱乐节目、文艺电影中,在浩如烟海的互联网上,后现代主义渗透到每个文化文本中。网络剧就是其中的代表。

(二)网络剧、受众与后现代主义

后现代主义的反基础主义、反二元论、反总体性以及其复杂性、开放性、多义性深刻反映在文本中,文本指"能够阅读、观看、收听的所有印刷、视觉、口头和听觉的叙述"[37],使后现代性的文本中包含一些彼此矛盾的符号。例如,对于过去的怀旧情绪弥漫,或者说"怀旧艺术"[38]盛行,时空上的过去、未来和现在的界限被抹煞,同时带有对过去整体性的不尊重;强烈关注现实的再现,采用超现实的表征手段;将原本的隐私公开化,打破私人生活和公共生活的界限[39];对可见物进行浓重的情欲与性描写,并将其商品化;重视展现因痛苦、异化、恐惧和同他人隔离的想象。

除此之外,后现代文本往往在经典叙事的主题下组织起来[40]。经典文本中被广泛认知和流传的主题和叙事,如超越一切的爱与牺牲、坚韧和乐观的天性、对于未知世界的探索、善良和真诚的永恒胜利等,都在后现代文本中被再次利用,并剥离了结构性的添加社会因素的理性规范,借此来批判一个违背人的天性、原则和价值观点的社会系统。

网络剧文本亦是如此,用一种现代主义看来毫无章法、夸张脱轨的方式,对经典和传统进行再叙述。经典叙事的主题和人物被搬移到网络剧中,并且通过戏谑、仿拟的手法肆意地插科打诨,建构一个自由自在、生机勃勃的生活化情境。宏大叙事和理性批判被网络剧文本所摈弃,取而代之的是留白的空间和想象,话语解释的主体由受众演绎。这样的手法同主流文化倡导的表达形式有所区别。但是,正如多克尔所言,"戏闹、并置、多相性、戏谑模仿、倒置、怪诞幽默、自我戏谑模仿不比更为正式的争辩和分析、回顾和沉思低等",在文化历史和当代文化中,"各种各样截然不同的理念和批评在同时竞争着、对抗着、互相影响着、戏谑模仿着",有时候这些不同的理念还会"互相取长补短"[41]。

对于文化的狭窄感知,以及依据现代主义理性思想对社会的要求,用统一的至高无上、不可更改的方式给所有文化制定唯一的标准,受到后现代主义思想的不断挑战。以狂欢思想为例,后现代主义的理念对于这种唯一性的批判、动摇从未停止,并且在不断平衡、丰富代表真正文化、艺术、交流的观念。

另一个重要的方面,受众被动接受的现代主义神话,正在逐步变成一种具有历史色彩的奇特观念。作为"靶子"的受众早已消失在研究的过往之中,即便是对受众积极性的点滴让步,也无法修订出准确描述文本影响力的假设,可以预测的"效果"变得越来越难以界定和测量。文本包含众多的意义和解释,在与受众互动后,即在受众的主体性建构完成以后,意义才会由受众做出选择。受众是缤纷的文本市场中随意的挑选者。受众思考的不是一个确定的结果,而是价值和观念的混杂、碰撞过后的重构。

(三)差异与认同

后现代文本建构的世界,或许正如它著名的反对者詹明信批判的那样,是一个"毫无深度的虚幻模仿的世界,符号和形象过度增长,文化过度饱和"[42]。网络剧作为一个典型的后现代文本,其受众看到的世界,一方面是充满差异性的影像符号,这些符号进行着漫无目的的"混战"。文本中的风格和理念彼此折中妥协,规则和界限模糊混淆,思考缺乏深度,拼贴模仿以高度写实的初衷获得合法性,即时性、虚幻性与古怪价值"杂烩"。带给受众的视觉冲击和情感承载却是强烈的、饱满的。另一方面,在看似杂乱无章的符号流中,却也存在普遍的特征。"艺术与日常生活之间边界的瓦解、形象凌驾于语言、戏谑地陶醉于无意识的过程,而反对有意识的客观评价、历史现实感和传统现实感的丧失以及主体的去中心化"[43]。

受众在网络剧文本中获得的认同同时来自看似矛盾的两个方面。首先,是较为直观的视觉和符号层面。充满差异性的图像、时尚、生活方式,是杂烩,是拼盘,各种意义和观念通过形形色色的符号表现出来,没有哪一种是权威,也没有哪一种是陪衬。通过这种方法,彼此各异的每个人都可以找到与自身相近的呈现形式,同自己的生活和情感发生联系。其次,是呈现符号的核心观念。对于符号的重视和对于视觉感官的强调,是为了高度还原真实的生活。为了这个目的,艺术的手法、时空的制度、语言的规则都可以被打破。理性的客观评价让位于直接的情感体验,历史和传统的现实不复存在。

正是在这样的共同体验中,受众与文本之间、受众与受众之间建立起旨趣和情绪的一致性。它不以宏大抽象的文化规范为基础,而是存在于具体的分享和交流中。这种一致性是流动的、处在建构中的,而不是一成不变的。新的符号和意义会随时加入这种展示,各种各样的文化逻辑在此汇聚,不存在新旧之间的等级差别,也没有对错这样的标准判断。詹明信也支持后现代的强大吸引力:"'后现代'就好比一个偌大的张力磁场,它吸引着来自四面八方、各种各样的文化动力,其中包括威廉斯所说的'残余'文化及'新兴'文化等迥然不同的生产形势,最后构成一个聚合不同力量的文化中枢。"[44]

面对信息化浪潮的冲击,具有后现代色彩的文化认同更加复杂。卡斯特在其《认同的力量》中指出,在进入信息时代后,原本保障现代工业社会的运作机制已经渐失意义和功能。财富、文化和信息的全球化增加了社会不安感,产业的国际化混合着工作的个体化;大教堂的神圣受到挑战,正在逐步世俗化,不再能带来心灵的慰藉和平静;家庭、性别的新观念也使文化失去有序性。在这个时代,人们不再把社会看作一种有意义的社会系统[45]。

当今的认同性已经成为一种自由选择的游戏,以及一种充满戏剧性的自我呈现[46]。人们可以通过各式各样的角色、形象和行动等进行自我展示,对于宏大社会历史整体观中的转型和重大变迁,却变得比较不在意。认同中包容着差异,差异也在展现认同,传统和新兴、高级和低级、有序和混乱同处共生。

第三节　媒介:受众角色的流动边界

一、参与网络剧生产和传播的媒介

(一) 基础:互联网

从20世纪末开始,互联网就是最让人兴奋的媒介,也是"迄今为止人类最不寻常的发明之一"[47]。数千年来传统媒体在对于大众的信息传播方面起着至关重要的作用,但是面对现代社会与日俱增的参与性传播这一要求,终究无法与互联网同日而语。互联网的参与性和开放性,从人们初尝搜索引擎、邮件、论坛的便捷开始,就一直刷新着人们对于信息获得和人际传播的新认识。互联网,不仅意味着不计其数的开放资源,同时意味着自主的信息选择,更为重要的却是渗透地球村的交流和沟通。

网络剧,从其称谓可见,与互联网有着不可分割的密切关系。网络剧的形成和发展,都依赖于互联网。从未有这样一种文本,如果脱离网络媒介就无法产生,更无从蓬勃扩散。从网络剧的起源开始,一群期待表达和分享的年轻人通过互联网发布他们制作的仿拟短片,引发越来越多的个人和机构投身于网络剧的生产。而且在最初将近十年的时间内,互联网都是网络剧唯一的传播媒介。直到今日传统电视台才开始向网络剧伸出橄榄枝,这种唯一性虽被打破,但互联网依然是支柱性的核心传播媒介。

媒介即信息,这一观点被反复提及,同样适用于此。媒介特征对于内容具有明显的影响力。此外,互联网同样深深影响网络剧的形态和内涵。始于初衷,网络剧的生产是为了与网络上有共同兴趣的人分享和交流,因此,网络剧面向的是熟悉和适应网络表达方式的人群。他们大多处于青年阶段,有着开放的视野,同时在社会变迁和文化形态交错丛生的生活情境中,试图寻找与自己一致的观点。戏谑嘲弄是他们惯常的方式。由此可见,根植于网络剧中的文化逻辑,以互联网的狂欢、开放作为基调。

(二) 移动终端:电脑、手机、平板电脑

互联网以二进制的数字形态存在,无法触摸、无法感知,需要借助互联网终端的转化和呈现,才能将数字信息变成受众可以识别的符号。最早的互联网终端是被称为台式机的电脑,它们在储存、计算和显示等方面的性能,都无法与今日的移动终端相媲美。从技术而言,移动终端是通过无线信号接入互联网的终端设备,目前主要包括便携式电脑、手机、平板电脑、交通工具上接入的屏幕等。网络剧的发展以移动终端为技术基础。移动终端不仅塑造了网络剧目前的制式,也扮演了陪伴者的角色。

媒介是人的延伸,人与媒体融合为一体。移动终端成为网络时代感知世界和界定个人存在的重要工具。丹·吉摩尔有感于移动媒体无所不在的影响力,为了强调这种融合,他将自己的书取名为"We the media",借以表达"我们就是媒体,媒体就是我们"的观念。我们借助移动媒体实现的感官延伸,不仅是"看",还有"说"。网络剧倚重随时随地的观者互动,进入受众的社会关系网络。受众随时随地评价、讨论网络剧的同时,网络剧也在打破时空影响受众的生活。或者借助移动媒介,网络剧实现了数年前莫利描述的"人人可以参与的电视"[48]。

移动终端或者移动媒体,除了使网络剧与受众时刻相随之外,也带着后现代式的风格,打破界限,消解定论,一切交给受众自身的体验和感受。首先,身体和媒体的界限日趋模糊。手机的普及带来重大的改变,人体的延伸实现新的高度。这或许代表一种媒体与人体结合的"媒介形式的终结"[49]。此外,虚拟和现实的界限也变得难以确定。如果实现备受瞩目的虚拟现实技术进入,原本变化的时空边界将会愈加模糊,现实和虚拟的藩篱亦被突破,人与媒体的关系在重新建构,致使文本同受众、受众同受众的关系也在重新建构。

(三)平台:视频网站

如果将网络剧视作互联网海量内容中的一个粒子,那么,受众接触网络剧文本,就需要一个入口或者一个平台。这个入口,就是促使网络视听文本不断积累的视频网站。视频网站,同样是一个各种意义和符号的"大杂烩",各不相同的形象和叙事,都可以在这个开放的平台上获得呈现的机会,如电影、电视剧、动漫、直播(包括媒体和用户生产的直播)、小视频等,包罗社会生活万象。在这些文本中,不仅有媒体机构按照专业主义的标准把关、筛选、编码完成的文本,还有大众日常生活的表现,存在于生活中的奇观、图景等被记录、呈现和传播。

网络剧就是在这样一个多元的展示平台为受众所知并接受,成为生活中的重要部分。首先,通过媒介使用习惯的养成,视频网站为网络剧储备了大量的潜在受众。随着不断的文本积累,视频网站成为大众在选择影音信息时的最佳入口,成为受众习惯和依赖的首选媒介。因此,网络剧不需要去发展新的渠道,将受众接入其中,只要遵循受众已有的惯例,在他们依赖的平台进行展示,就可以获得数量巨大的信息接受者。其次,在技术层面,视频网络为网络剧解决了存储空间的问题。即便是在数字化的世界,信息依然需要一个储存的空间和硬件。通常信息量越大,所需的空间就越大。网站为剧集提供了这样的信息存储空间。

视频网站的萌芽与网络剧的兴起共享一个文化逻辑。视频网站的缘起,最初是为了表达和分享大众对于日常生活的观察和感受。内容的生产者,是未经媒体从业训练的大众。他们在传统的文化有序性受到挑战、对于家庭和社会的新观念不断产生的现实中,用影像符号表达对生活现状的解释,实践着具有后现代色彩的"现实"的真实性。在这个意义上,表达成为需要,交流成为重点。受众不仅是在观看,也是在评价。视频网站的成员构成虚拟的社区,每个成员都可以与其他人建立联系、分享和讨论,解读意义、生产意义。

二、网络剧媒介中的受众

(一) 交错的受众角色

随着媒介技术的发展,媒介同身体的清晰边界已经被打破。与之相伴的是,传播者和接受者身份边界的不断模糊。信息生产和传播的流程图,变成非线性的、各因素彼此交叉的循环路线。各种角色的作用和功能是复合的,施拉姆所说的编码者、释码者、译码者之间不再有明显的区隔,而是彼此重合,或者说是角色在不断转换。其中,角色作用改变最大的就是原本处在"受众"位置的群体。在网络剧的文本生产和传播中,受众是信息接收者、符号解读者,也是文本生产者、意义制造者、信息和符号的传播者。

受众角色随着网络剧文本生产和传播环节的改变而流动变化。一方面,受众在其中的角色作为信息接受的目的地,同传统文本中受众的角色一样。受众是网络剧文本的读者和观众,文本生产的目的就是使这些精心组织的符号能够到达受众,并且产生一定的影响和改变。尽管这些影响和改变在现今的媒介环境下变得越来越不可预测,甚至连评判都变得困难重重。只有当受众接触文本时,才能赋予文本以意义。受众的信息接受过程也是信息生产和意义制造的过程。在这个层面上,网络剧同报纸、杂志、书籍、广播并无二致。

另一方面,网络剧相关媒介带来更为重要、更加显著的变化,因为互联网具有网络剧生产、扩散的基础性作用,受众在其中的角色变得复杂而多变。在传统媒体中,受众从未或者极少参与的环节,如符号的深层意义把关、信息表征形式的安排、传播渠道的方式的选择等,都已经有了受众的声音,并且在很多时候受众的观点起着决定性的作用。由于互联网超越时空的传播和沟通手段,受众有渠道发表意见,亲身参与文本生产,影响文本的意义倾向,使它们表达的是受众的观点和意义。这正是网络剧作为数字时代的大众文本最吸引人的地方。

(二) 文本生产:受众从源头开始介入

在网络剧文本的生产环节,受众从源头就开始介入。如果将网络剧作为一种媒介产品进行考量,并对其生产过程进行分解,那么,网络剧尚未实现影视符号表达之前,或者通俗地说在网络剧的剧本筛选阶段,受众就开始具有影响力。在这个网络剧的准备阶段,受众充当把关人的角色,他们主要通过为网络剧选择和推荐故事、作者来表达他们的倾向。受众将青睐的文学文本(当前最多的是网络小说),推荐给导演、编剧,推动其从文字到影像的转变。受众,或者只可以被称为网络剧未来的潜在受众,其声音是不可忽略的因素,许多网络剧生产已经将其作为重要的参考。

这只是一个开始,在后续的重要环节都可以看到受众的身影。除了选定需要表达的主题和故事,表达它们的符号和形式也会有受众的参与。演员的挑选,不仅是导演的个人工作,已经成为公开的网上竞赛,获得受众的青睐,也意味着受众获得参与网络剧的机会。此外,叙事的整体布局、文本的情感基调、播放的渠道和形式等,这些选择中受众意见已经占有一席之地,甚至在资金方面,受众也起到积极的作用。

这就意味着受众对于文本的意义有重要的话语权力。如费斯克所言,被搬上屏幕的所有节目都由三级社会代码加密,在网络剧的例子中,受众不仅影响了第一级代码的表征现实,如服装、外表;第二级代码的艺术手段,如冲突、人物;最重要的是,影响了第三级代码,主宰文本的整体意识观念,如人性本善、女性主义等。这些都存在着受众的影响因素。受众按照他们所生活的现实情境,进行文本建构和意义表达。在某种程度上,这是一场受众同专业生产者的合作,创造可以代表自身的文本,而实现这一切的基础条件是互联网。受众可以与网络剧的生产者建立联系,沟通讨论,表达意见;同时,受众通过互联网找到其他的受众,并结成话语的联盟,形成不可忽视的影响力,获得决定权。

(三) 积极的传播者

以互联网为媒介,结合各种移动终端的协助,受众不仅可以参与文本生产,还可以成为网络剧传播的枢纽。

如果说传统的电视剧依赖电视媒介,进行的是"一对多"的大众传播方式,那么,借助互联网可以实现"多对多"的传播,这就是网络剧的优势。网络剧在到达单个受众之后,并不意味着传播路径的终结。个体的受众是网络剧传播的枢纽或者说中转站。从一个受众开始,网络剧将会到达成千上万个其他的受众。在这中间,受众是网络中的一个节点,在接入众多信息源的同时,也向数量众多的其他网络节点输出信息。当受众同文本产生共鸣、获得意义上的认同时,就会主动承担起传播者的角色。

这一角色的功能发挥,首先有赖于给予每个人平等表达机会的互联网。正如诺顿所说的那样,"每个人都有权诉说心声",而且"每个人都有权被他人倾听"[50]。开放性、交互性、低成本等特征,一直是互联网为人所津津乐道的传播特征,众多的研究者认为其在推进公平社会形成中发挥着重要作用。网络剧受众同样获得了这种表达的权力,成为了表达和建构意义的积极传播者。在网络上表达认同最初的方式,就是鼠标点击。点击量是互联网生存的动力源。没有点击,就意味着没有关注。受众通过点击观看的方式,表示对于某个网络剧文本的关注和认可。其次,网络技术发展,受众可以发表评论,或者在相关的论坛中推荐某个剧集。社交媒体的出现更加为受众成为传播者提供了支撑。社交媒体使原本毫无关联的节点之间,借由某一个相同点,或是地理位置、文化品位、经历情绪,建立起紧密的连接。受众通过自己的社交媒体,为网络剧不断扩大传播范围、积累受众数量。

通过这种方式,受众同时扮演受者和传者的双重角色,网络剧则以受众为桥梁,实现无限次的再次传播,并由此形成不可预估的扩散网络。

三、媒介权力的偏向

(一) 传统媒介语境下的权力垄断

如罗素所言,权力是对他人行为产生预期效果的一种能力[51],媒介的权力就是通过信息传播,影响、决定社会和个人的力量。诸多研究证明,在传统媒介时代,媒介有着巨大的改变、操纵和控制社会舆论和行为的能力。受精英主义和专业主义主导,传统媒介可以轻松实现信息垄断,并且长期保持这种垄断的合法性。

传统媒介从信息的筛选和过滤开始,通过严密的行为流程,实施"把关人"的权力。保留哪些信息,选择哪些信息,都是由媒介掌握。经过筛选,信息无法呈现完整的原初面貌,而这种缺失又以资源有限和空间有限的名义去说服大众接受。信息在被筛选和切割后呈现碎片化的状态,重新组织这些碎片化的符号,给予媒介重新建构意义的过程。因此,李普曼所言的"拟态环境",同现实环境有着重大差别,或者说展现的是现实生活的侧影。同时,媒介占据了信息发布最主要的渠道。通过正式媒介发布的信息,才能同时获得官方的、合法的地位。

可见互联网未出现之前的媒介环境,赋予媒介在话语建构中的决定性权力。这一权力行使的必要前提就是信息资源的稀缺性,以及带来的资源垄断,通过对信息资源的控制,媒介才能进行符号的组织、意义的生产、话语的传播、舆论的引导,从而对个人和社会产生重要的影响。对于资源的垄断,使媒介在信息传播中占据绝对的中心地位,其作用场域包含整个社会、文化和生活,并在一种不断重复训化的过程中,实现权力的自然化和合法化。

同时,传统媒介的权力带有明显的规训性和压制性。媒介中的话语蕴含高度统一的主流价值标准,阐述的是社会主流意识形态的规范。同时,所有媒介都强调自身的专业性和权威性,强调对舆论的引导能力和对受众的涵化作用。媒介权力的中心,还隐喻着媒介同受众的等级差异,其中媒介是高层级的,而受众是低层级的。

当今,信息技术的发展和媒介情境的转变,促使传播格局重新建构,而社会话语和媒介权力同时在这种重构中产生转移[52]。

(二) 数字时代的媒介权力

互联网的出现,在媒体演进史的版图上划出新旧交替的分割线,人们把互联网之前的书籍、报纸、广播、电视等都归为传统媒体,或者旧媒体;而互联网及其之后出现的媒体,称为新媒体,目前又越来越多地将它们称为数字媒体。数字媒体,从本质上说,为人们提供了一种技术手段和工具,使他们"不仅仅接受信息,还可以回应收到的信息,选择他们想要的形象,甚至发送他们自己的信息"[53]。

网络中的节点,具有平等的信息接受和发布的权力。互联网带来超越时空的交互式、体验式的传播,每一个人都可以在任何时间和空间沟通交流,每个人都是一个信息节点,不计其数的节点共同构成互联网,实现"无数人将无数的想法发布给无数人看"[54]的传播现状。信息的流动呈现网络状的复杂结构,不再是简单的线性模式。每个信息节点都具有平等的接收信息和发布信息的权力。网络的虚拟性和匿名性将文本传播者的社会身份同信息内容剥离,所有不平等的的标志,如资源、身份等,"都隐藏在以文本为主要交流工具的网络世界的背后"[55]。机构性的传播优势,不得不承认依然存在于网络空间,但是,媒介权力从媒介向使用主体转移的趋势已成定局。

平等的传播地位建构了无中心的权力结构,媒介不再掌控对于信息资源的垄断,影响力由行动主体在交流和互动之中产生。信息符号在互联网上并不具有明显的意识形态偏向,也没有自身的主导型意义,一切意义的阐释都是在节点与节点之间的互动中建构完成。权力是流动的、处在建构中的。福柯的微观政治学认为,权力是运作性的,"这是一种被行使的而不是被占有的权力",权力不再是一种所有权,也不是一种占有和征服,而是一种运作的"战略","人们应该从中破译出一个永远处于紧张状态和活动之中的关系网络,而不是解读出人们可能拥有的特权",权力是永恒的战斗[56]。

加拿大传播学家伊尼斯对媒介进行"空间偏向"、"时间偏向"的区分:时间偏向的黏土、石头和羊皮纸等,强调媒介权力的神圣性、权威性和等级性;空间偏向的媒体强调媒介权力的世俗性、大众性和公平性[57]。互联网无疑是属于空间偏向的,因为它无限延伸传播的空间,使之成为"日常行为的空间"[58],同时,对于符号的解释和相应的行为改变,交由信息抵达的每个节点自行完成。互联网语境中的权力结构,并没有明显的权力中心或金字塔式的权力顶端,信息节点之间是平等的,呈现扁平化的网状结构。媒介对个体和社会的影响力,没有经过机构性的组织或编辑,因此也是非权威性的。

(三)受众权力的转变

受众在网络传播中扮演着更加复杂的角色,呈现不断变化的状态。在传统媒介的语境中,受众只被看作一群信息的接受者。传播媒介单向作用于受众,受众只是信息的接受者,他们的解读和意见,或是被当作媒体装点自己的花边,或是被直接忽略,或是被强力压制,总之,扮演的是无足轻重的角色。而且受众被看作一个整体性的存在,同质化的特征被放大,掩盖了其中的差异性。受众同受众之间是彼此区隔的,他们之间的信息流动是非常有限的,只是在狭窄的人际交往中进行互动,在范围和深度方面,都无法同媒介抗衡。这同数字时代的传播有着重大差异。

首先,在互联网传播中,受众成为一个更加难以界定和划归角色的词语。在网络传播情境中,以前绝对的传播者和受众的边际变得模糊不清,同时,作为网络中的节点,传和受的角色在不停进行转换。接受者不再单纯地接受信息,他们也是信息的传播者。随着受众从传播的边缘变为传播的中心,原本属于媒介的话语特权被分散到每个受众,正如格斯拉曼所言,"因特网使我们成为了记者、广播员、栏目写作者、评论员和批评家"[59]。

如果说莫利、费斯克等文化研究的著名学者,预设了文本的主要生产者,是拥有垄断资源的媒介,即便是"生产者式"的受众,也是局限在意义生产阶段,无法实际参与文本的生产制作环节,那么,在互联网媒介中,受众拥有真正生产文本的权力。媒体的文本内容由受众生产,并且由受众传播。受众同时承担记者、编辑、广播站和电视台的角色,这些角色在实际的符号流动中不断转变、不会固定,不停歇地进行着福柯所描述的权力永恒战斗。

其次,每个受众都是传播的中心节点。受众也是信息的中枢,在接受信息的同时,受众也会将信息传送出去,成为信息的传播者。由此共同形成循环的传播链条,并在传和受的关系中成为信息的中心。

再次,受众不再是一个同质化的整体,每个受众都是网络中的独立主体,而且彼此之间的交流不受限制,可以实现信息的任意交流。受众都有各自的虚拟交往社群,因此也就有各自信息的潜在受众。

互联网将原本垄断性的媒介权力,转变为分散的受众权力。受众的角色定位在其中,变得模糊而流动,并在持续性地运用各种传播形式,进行话语、意义的争夺。

本章参考文献

[1] Stuart Hall. The rediscovery of "ideology": return of the repressed in media studies. Gurevitch et al.. *Culture, Society and the Media*. London: Methuen, 1982, 64.

[2] [美]大卫·克罗图,威廉·霍伊尼斯.邱凌译.媒介·社会:产业、形象与受众.北京:北京大学出版社,2009,188,192.

[3] [德]黑格尔.杨祖陶译.精神哲学——哲学全书(第三部分).北京:人民出版社,2006,130-139.

[4] 杨祖陶.黑格尔逻辑学中的主体性.哲学研究,1988,7:24-33.

[5] Tim O'Sullivan, John Hartley, Danny Saunders, John Fiske. *Key Concepts in Communication*. London: Methuen, 1983, 231-232.

[6] [美]约翰·菲斯克.祁阿红,张鲲译.电视文化.北京:商务印书馆,2005,68.

[7] [德]尤尔根·哈贝马斯.张博树译.交往与社会进化.重庆:重庆出版社,1989,3.

[8] [法]米歇尔·福柯.谢强,马月译.知识考古学.北京:生活·读书·新知三联书店,2003,59.

[9] [法]米歇尔·福柯.谢强,马月译.知识考古学.北京:生活·读书·新知三联书店,2003,62.

[10] John Ellis. *Visible Fictions: Cinema, Television, Video*. London: Routledge & Kegan Paul, 1982, 164.

[11] 约翰·菲斯克.祁阿红,张鲲译.电视文化.北京:商务印书馆,2005,9.

[12] 唐德刚.晚清七十年.长沙:岳麓书社,2003,17.

[13] 李强.中国社会变迁30年(1978—2008).北京:社会科学文献出版社,2008,15.

[14] 费孝通.百年中国社会变迁与全球化过程中的"文化自觉"——在"21世纪人类生存与发展国际人类学学术研讨会"上的讲话.厦门大学学报(哲学社会科学版),2000,4:5-11,140.

[15] 李汉林.中国社会发展年度报告(2015).北京:中国社会科学出版社,2016,127.

[16] [英]诺曼·费尔克拉夫.殷晓蓉译.话语与社会变迁.北京:华夏出版社,2003,204.

[17] [英]诺曼·费尔克拉夫.殷晓蓉译.话语与社会变迁.北京:华夏出版社,2003,207.

[18] [加]麦克卢汉.何道宽译.机器新娘:工业人的民俗.北京:中国人民大学出版社,2004,291.

[19] [加]麦克卢汉.何道宽译.机器新娘:工业人的民俗.北京:中国人民大学出版社,2004,292.

[20] 陆学艺.当代中国社会阶层研究报告.北京:社会科学文献出版社,2002,9.

[21] 李强."丁字型"社会结构与"结构紧张".社会学研究,2005,2:55-73,243-244.

[22] 李强.中国社会变迁30年(1978—2008).北京:社会科学文献出版社,2008,139.

[23] 李培林,李强,孙立平.中国社会分层.北京:社会科学文献出版社,2004.

[24] 李汉林,魏钦恭,张彦.社会变迁过程中的结构紧张.中国社会科学,2010,2:121-143,223.

[25] 刁鹏飞.城乡居民的公平意识与阶层认同——基于中国社会状况综合调查数据的初步报告.江苏社会科学,2012,4:107-113.

[26] [美]詹姆斯·凯瑞.丁未译.作为文化的传播——"媒介与社会"论文集.北京:华夏出版社,2005,7.

[27] 陆学艺.当代中国社会阶层研究报告.北京:社会科学文献出版社,2002,9.

[28] [美]梅尔文·德弗勒,桑德拉·鲍尔·洛基奇.杜力平译.大众传播学绪论.北京:新华出版社,1990,173.

[29] 刘玉照,张敦福,李友梅.社会转型与结构变迁.上海:上海人民出版社,格致出版社,2007,10.

[30] [美]约翰·多克尔.王敬慧译.后现代与大众文化.北京:北京大学出版社,2011,103.

[31] [法]让-弗朗索瓦·利奥塔尔.车槿山译.后现代状况——关于知识的报告.北京:生

活·读书·新知三联书店,1997,22-23.
[32] Fredric Jameson. Postmodernism, or the cultural logic of late capitalism. *New Left Review*, NLR I/146, July-August 1984.
[33] [美]马格丽特·A·罗斯.张月译.后现代与后工业.沈阳:辽宁教育出版社,2002,3.
[34] [英]史蒂文·康纳.严忠志译.后现代主义文化——当代理论导引.北京:商务印书馆,2002,282.
[35] [美]戴维·R·肯迪斯,安德烈亚·方坦纳.周晓亮,杨深,程志民译.后现代主义与社会研究.重庆:重庆出版社,2006,224.
[36] Norman K. Denzin. *Interpretive Interactionism*. Newbury Park, CA:Sage, 1989,131.
[37] [美]詹明信.张旭东编,陈清侨等译.晚期资本主义的文化逻辑:詹明信批评理论文选.北京:生活·读书·新知三联书店;牛津大学出版社,1997,370.
[38] Norman K. Denzin. Blue velvet: postmodern contradictions. *Theory, Culture and Society*, 1988, 5(2):461-473.
[39] Robert Elbaz. *The Changing Nature of the Self: A Critical Study of the Autobiographic Discourse*. Iowa City: University of Iowa Press, 1987,59.
[40] [美]约翰·多克尔.王敬慧译.后现代与大众文化.北京:北京大学出版社,2011,334.
[41] [美]詹明信.张旭东编,陈清侨等译.晚期资本主义的文化逻辑:詹明信批评理论文选.北京:生活·读书·新知三联书店;牛津大学出版社,1997,289-293.
[42] [英]迈克·费瑟斯通.杨渝东译.消解文化:全球化后现代主义与认同.北京:北京大学出版社,2009,106-107.
[43] [美]詹明信.张旭东编,陈清侨等译.晚期资本主义的文化逻辑:詹明信批评理论文选.北京:生活·读书·新知三联书店;牛津大学出版社,1997,432.
[44] [美]曼纽尔·卡斯特.夏铸九等译.网络社会的崛起.北京:社会科学文献出版社,2003,409-410.
[45] 道格拉斯·凯尔纳.丁宁译.媒体文化:介于现代与后现代之间的文化研究、认同性与政治.北京:商务印书馆,2004,419.
[46] [英]戴维·克里斯特尔.郭贵春,刘全明译.语言与因特网.上海:上海科技教育出版社,2006,3.
[47] 戴维·莫利.郭大为等译.传媒、现代性和科技——"新"的地理学.北京:中国传媒大学出版社,2010,288.
[48] 李军.传媒文化史:一部大众话语表达的变奏曲.北京:北京大学出版社,2012,231.
[49] [英]约翰·诺顿.朱萍,茅庆征,张雅珍译.互联网——从神话到现实.南京:江苏人民出版社,2001,20.
[50] Bertr, Russell. *Power: A New Social Analysis*. London:George Allen and Unwin,

1938,25.

[51] 赵红艳.中心性与权力体现:基于社会网络分析法的网络媒介权力生成路径研究.新闻与传播研究,2013,3:50-63,127.

[52] [美]大卫·克罗图,威廉·霍伊尼斯.邱凌译.媒介·社会.北京:北京大学出版社,2009,374.

[53] [美]斯科特·罗森伯格.曾虎翼译.说一切.上海:东方出版中心,2010,9.

[54] [英]安德鲁·查德威克.任孟山译.互联网政治学:国家、公民与新传播技术.北京:华夏出版社,2010,33.

[55] [法]米歇尔·福柯.刘北成,杨远婴译.规训与惩罚.北京:生活·读书·新知三联书店,1999,28.

[56] [加拿大]哈罗德·伊尼斯.何道宽译.传播的偏向.北京:中国人民大学出版社,2003,27-48.

[57] [英]尼克·库尔德利.何道宽译.媒介社会与世界——社会理论与数字媒介实践.上海:复旦大学出版社,2014,3.

[58] [美]斯坦利·J·巴伦.刘鸿英译.大众传播概论:媒介认知与文化.北京:中国人民大学出版社,2005,86.

第六章
总结与思考

第一节 总 结

一、情境:社会、媒介、文化的合力

网络剧的产生和发展,以及网络剧受众的日益增加,种种传播现象都根植于广阔的社会情境并深受影响。社会变迁、媒介演进、文化影响,合力构建了网络剧及受众所处的现实语境。

(一) 社会变迁使个体惯于变化和差异,又寻求确定和认同

急剧的社会变迁,以无法预见的速度渗透整个社会的每个角落,改变生活的面貌,也为社会个体的心理和精神世界带来巨大的冲击。拔地而起的摩天大楼、一日千里的物流运输、日新月异的生活方式等,几乎每天都在发生改变。身处其中的个人,除了需要时时应对这些改变,也在感受面对历史洪流的无力。不仅如此,构建和维持社会共同体的深层因素也在变化,制度变革、价值更新以及引起的社会结构和社会关系变迁,这一切都在触发社会成员的孤独感和焦虑感。一方面,他们惯于变化和差异;另一方面,他们寻求确定和认同。

话语规范和习俗的相对断裂,是快速的社会变迁不可避免的伴生物。传统的价值和规范,在坚守还是改变的两难之中艰难存续;新的标准和诉求,已经产生并蓬勃蔓延。个体基于自身的社会属性,在文化、政治、经济资源等方面的接触和使用,都出现明显差异性,阶层与阶层之间、群体与群体之间的差异也越来越突出。不仅在社会生活中的政治、经济等层面,更重要的是在文化层面,在价值、意识、准则等层面,每个阶层都有各自的标准和需求,都希望获得表达和认同的渠道。

(二) 媒介演进使媒介权力发生改变，传播角色也在重新建构

数字传播时代，一切都与互联网有着密不可分的关联。互联网的普及，在媒体演进版图充当新旧媒体区分的界碑，促使媒体与人的关系发生演变，也促使人与人的关系产生变化。

对比自"现代印刷术之父"古登堡以降的所有传统媒介，它们都在建立和巩固媒介权威，而互联网传播中的权力结构打破原有的以媒介为中心的格局。互联网将统一的媒介权力分散给所有接入者，不存在明显的权力中心，各个信息节点都拥有平等的话语权力。在信息接收和信息发布中，每个节点都以不损害其他节点的权力而更有说服力。因此，网络中的信息节点呈现网状、扁平化的结构特征。

此外，网络传播中的原有角色划分有了新的内涵。编码者、释码者、译码者三者之间的角色和行为，已经被模糊边界，信息传播者和接受者不再是信息传播中的单一设定。恰恰相反，传和受有时由同一行为主体完成，甚至有时是同时发生的。"受众"在网络空间中是所有信息节点的名称，也是"传播者"的行为人。受众不仅主动获得信息、解读符号意义，也生产符号和意义、传播观点和价值。

(三) 文化影响促使新的文化形式不断涌现

"二战"之后，直到现在，后现代主义的文化深入社会和人文研究中的每一个角落，从建筑到文学，从政治到艺术，皆是如此。后现代主义引起社会形势的转变，去中心化、去结构化等都是其内容。原来坚固的等级和壁垒被打破，一切的边界都要被重新界定。而互联网的发明将社会形式转变为人与人之间的无限交流、媒介形式的各种融合。在这种转变中，新的文化形式势必出现，影响社会成员的生活方式，并且重新界定和改写已有的文化形式。

尽管反对传统，后现代文本依然选择借助经典叙事的主题，重新改造面貌，以此实现杂糅和重建。网络剧就是这样一种具有后现代色彩的文本，它打破常规、天马行空的表现手法，重新定义经典和传统。广为社会所知的经典叙事主题、情节、人物，都被大量用于网络剧，通常都会加以拼贴、戏谑、戏仿的处理，使其降格到生活的日常，表现大众的感受和期许。在网络剧中很难看到宏大叙事，取而代之的是琐碎庸常的细小事件，点滴积累地构建受众的生活情景。

二、表征：狂欢式的文本

网络剧是现实世界的表征，体现一个充满变化和差异的外部情境。因此，网络剧是各种价值和符号的交汇之处，带有狂欢的特质。

从表层的符号组织来看,网络剧体现了巴赫金所言的广泛的平等参与,诙谐和插科打诨,俯就和颠覆,粗鄙、充满粗俗化的降格。网络剧通过这些视觉和听觉符号,构建了受众的第二种生活,即一种轻松愉快并且可以使受众暂时逃离孤独和焦虑的生活。网络剧是大众日常生活的世俗化呈现,其中的主角多是平庸而寻常的小人物,所有人实现打破等级的平等交往。

网络剧充满传统和现代、经典和戏仿的碰撞,符号和意义的重新定义。意义不再是固定的陈规,而是在受众同文本的互动以及受众间的互动之中产生。网络剧是一个意义的杂烩,充满各种差异性的影像符号,进行无法预测的混战。原本的高雅艺术,在日常生活中找到位置和新形式;充满逻辑的理性批判,让位于视觉感官;无意识的跟随,胜过客观的理解;历史和传统不再具有现实的参考作用。网络剧中的理念和观点彼此妥协、共生共存,规则和界限变得越发混淆、模糊。网络剧让受众逃离压抑与孤独,同时赋予受众解释和生产意义的权力。

三、主体:受众的差异与认同

受众将社会关系的框架带入同网络剧的互动,从而构建主体地位。受众可以观察到一个期许中的"颠倒的世界"在网络剧中呈现出来,其中的意义与受众的主体性相吻合。同时,受众有千差万别的个体差异,按照年龄、学历、性别、职业等明显的群体属性,受众差异已很明显,如果将性格、成长环境等因素进行综合考虑,更加多维复杂。

网络剧受众是具有不同价值观点的个体,因此会在网络剧中寻找可以同自身契合的意义体系。受众在网络剧中看到的不是一个具有标准解读的世界,寻找的不是具有压迫性优势的行为规范。各式各样、充满差异性的图像、潮流、生活方式,都对应着某一特定类别的受众。各种意义和观念都不存在对错、好坏的评断标准,也不存在掩盖与遮蔽的竞争。差异性的符号交由受众选择解码方式。正是在这种承认差异的共同体验中,受众与受众之间才有可能达成认同。

网络剧受众共享这样的特征:首先,向往自由自在的"第二种生活",在这种生活当中,实现人与人之间的平等交流;其次,期待主宰自我的生活;再次,期待获得轻松和愉悦;此外,期待与其他人建立和产生联系;最后,期待获得认同。受众在长期使用互联网的过程中,深谙网络文化中的分享与交流,他们注重表达,同时寻求认同。在社会结构日趋碎片化的现实生活中,网络剧受众注重展示和讨论属于他们的意义和话语。受众的认同性,通过这种戏剧性的符号展示、开放的表达权力而正在建构。

四、话语:积极的意义生产者

社会生活中的话语系统,定义了社会关系的规范和性质。所有的社会情境模拟和表征,都来源于其所在的社会关系。行为标准和价值框架,是为了维持某种特定的社会关系。个体需将意识形态体系积极内化,才能解读表征符号代表的意义。受众以了解这些话语为前提,同文本进行互动,或是生产式的,或是规避式的。

网络剧是各种意义的展示场所,呈现流动的、处于建构中的文本特征,属于多义性的文本,因此网络剧受众随之成为生产者式的受众。受众进入网络剧情境的同时,携带在社会关系中产生的评价标准和观点意见。在接触网络剧文本后,受众根据自己的经验判断,梳理本身充满矛盾和缝隙的文本,从而生产出对于文本隐喻的解释,写入自己的意义,建构自己的文化。在这种广泛的意义空间中,受众获得快感。

受众生产的意义体现其对于现实情境的期待,话语的抵抗和生产表达了这种期待。而网络剧通过与受众交流,实现生产者式的意义解读,成为受众话语表达的重要渠道,并同受众合力实现目前网络剧的形式和内容。

观看是受众话语表达的重要方式。观看是受众选择的结果,网络剧通过在意义和价值层面与受众达成一致,获得更多的受众群体,因此,受众通过观看来检验契合的程度。更为重要的是,受众拥有实际生产文本和意义的权力。网络剧的文本内容由受众参与生产,表现形式由受众参与决定。受众还是意义的传播者。网络剧的受众,同时是互联网世界的广播站和电视台,是传播的中心节点和信息枢纽。通过这些方式,受众实践着意义生产者和传播者的角色。

第二节 思 考

对于任何传播问题的探讨,分析和解读已经发生的和正在发生的现象,既是总结,也是预测。正如米尔斯所言,"在形形色色的社会科学学派所使用的口号中,没有哪一条比这条更常用:'社会科学的目标是预测与控制人类行为'"[1]。网络剧将会在未来呈现怎样的图景? 受众是否会获得更多表达的权力?

首先,在社会层面,来自社会规制的约束必然将对网络剧的发展及其受众产生重要的影响。在对于网络剧的研究中,行政性的规范和管理一直是重要的话题。对于网络剧的未来,国家新闻出版广电总局同视频网站一样,是举足轻重的因素和角色。2012年,国家新闻出版广电总局颁布《关于进一步加强网络剧、微电影等网络视听节目管理的通知》,鼓励网络剧等网络视听节目的生产,具有资质的网站有审查权和播放权。与传统电视剧的重重申报和审查相比,网络剧具有天然的政策支撑,此后网络剧蓬勃发展,迅速成长,内容急速积累,受众群体不断扩大,影响力也在逐日增加。随后,对于网络剧的行政性规制和法律规制更趋细化。2014年是网络剧元年,国家新闻出版广电总局颁布《关于进一步完善网络剧、微电影等网络视听节目管理的补充通知》,进一步明确网络剧内容生产方的资质,要求网络剧必须提前备案并在播放时标注备案号。部分网络剧因此经历了整改、停播、下架等变化。在内容和形式上,网络剧依然有需要遵循的社会规范。因此,网络剧发展不可避免的趋势之一,是明晰对于网络剧生产与传播的结构性规定,制定适用于网络剧的内容和形式规制。

其次,在媒介层面,新兴媒介技术将相继被应用到网络剧生产和传播中,带来值得期待的改变。虚拟现实(virtual reality)技术、增强现实(augmented reality)技术等颠覆性的数字技术,刷新了人类感知世界的途径和手段。虚拟世界和现实世界的界限由技术弥合,数字和物质两个世界叠加在同一物理空间之中,共同对使用者的身体感官产生刺激。这两个彼此累积、互为补充的世界,均可以被使用者感知、触碰甚至改变。媒介技术的发展以使用者的沉浸式、参与式为方向。这同网络剧的发展相契合,网络剧对于受众参与的重视是其缘起和发展的原则。目前,弹幕、受众投票、边拍边播等手段都是为了提高受众的参与程度。如果增强现实等媒介技术适用于网络剧的播放与观看,将不仅会引起网络剧内容的重大变革,也会引起受众观影形式和习惯的变化。手机也许将不再是受众最为常用的观看设备,取而代之的也许是一系列可穿戴的数字信号终端,通过全息投影等成像方式,将受众带入栩栩如生的人工情境,实现全方位、沉浸式的感官体验。文本内容也将实现个性化定制的普及。目前网络剧在个性化、差异化的内容设置方面,以多种叙事结局为主要形式,因此多有局限。如果网络剧制作者提供的是内容的"素材",一切交由受众进行组织,产生各自的完整叙事文本,这将是受众参与的新尝试。因此,网络剧发展的有益尝试,将包括对于新兴媒介技术的使用。而受众方面除了获得更为逼真的观影体验,面对更加纷繁复杂的网络环境,更加需要提高媒介素养,优化知识模式和理解模式,促进信息的获取、分析和使用。

再次,在文化层面,文本和意义的生产需要进一步适应需求分化的趋势。在数字化信息时代,社会变迁将更加迅速、更加深刻。与之相伴的社会结构多元分化,也正在进行而且将持续下去。这些因素推动社会心理和文化需求的分化。受众生活在快速变化的社会情境中,心理需求体现在文化文本的选择上,将更加难以预测。目前各类文化文本的受众分化,已经是这种多元需求的有力注解。这种趋势也是一种不可逆转的发展态势。在纷繁复杂的意义和符号之中,如何表达和发声,如何传播和交流,对于塑造整个社会文化形态将具有重要影响。在公共的意义场域中,多种声音混杂、多种力量汇集,既是沟通和交流,又是碰撞与冲突。认同因此变得更加举足轻重。一方面,社会成员期待从文化文本中,发现可以代表自己的意义和符号;另一方面,各种原则和观点同处在同一个意义的竞争场中,期待获得受众的认可。纵然如此,也并不意味着二者之间的契合是一个简单的过程,通常情况下是彼此期待的落空。社会需求不断分化和更新,文本生产只有在符合社会的文化要求时才能获得认同。此外,因为内容处在变化之中,传播路径也处在不断的变化当中,任何一种价值和意义的传播和扩散,都不再拥有可以遵循的既有途径和方式。

目前网络剧受众与传统电视剧受众存在一定程度的分化,似乎在对二者的选择上有"二选一"的排他性。这并非是因为外界因素的介入,更多的是由受众的观看感受所决定,其深层原因或者是由受众的价值观念所决定。因此,媒介的不同使得使用者的分化更加明显,这样的分化或者共生对于媒介的发展又有着怎样的需求?

网络剧从产生到现在,受众的参与在日益增多,但其中依然存在隐忧。受众意味着媒介经济,随着更多的专业制作机构、资本进入网络剧生产,受众在其中的影响力是否会减弱?或者客观地推测发展的另一面,新进入的制作者是否会为了获得大量的受众,吸纳更多的受众意见?主流价值观是否会进入网络剧受众的逐力,使网络剧成为意识形态争夺的下一个焦点?这些问题都有待进一步的探索。

本章参考文献

[1] [美]C·赖特·米尔斯.陈强,张永强译.社会学的想象力.北京:生活·读书·新知三联书店,2005,122.

主要参考文献

A. 期刊

[1] 伯提·阿拉苏塔里.侯晓艳译.受众接受研究的发展历程[J].新闻与传播评论,2005,00:97-106,242,250.

[2] 布伦南·伍德,乔茂林.斯图亚特·霍尔的文化研究和霸权问题[J].黑龙江社会科学,2014,6:124-130.

[3] 蔡骐,谢莹.文化研究视野中的传媒研究[J].国际新闻界,2004,3:43-49.

[4] 蔡骐,谢莹.英国文化研究学派与受众研究[J].新闻大学,2004,2:28-32.

[5] 曹书乐,何威."新受众研究"的学术史坐标及受众理论的多维空间[J].新闻与传播研究,2013,10:21-33,126.

[6] 陈力丹.论网络传播的自由与控制[J].新闻与传播研究,1999,3:14-21,93.

[7] 陈力丹,林羽丰.继承与创新:研读斯图亚特·霍尔代表作《编码/解码》[J].新闻与传播研究,2014,8:99-112,128.

[8] 陈力丹,陆亨.鲍德里亚的后现代传媒观及其对当代中国传媒的启示——纪念鲍德里亚[J].新闻与传播研究,2007,3:75-79,97.

[9] 陈立旭.文化研究的两种范式:文本中心论与相关性[J].浙江社会科学,2011,4:2-10,155.

[10] 陈汝东.理性社会建构的受众伦理视角[J].北京大学学报(哲学社会科学版),2012,6:121-130.

[11] 陈先达.当代中国文化研究中的一个重大问题[J].中国人民大学学报,2009,6:2-6.

[12] 陈阳."狂欢化"理论与电影叙事[J].中国人民大学学报,2007,3:147-153.

[13] 陈一.新媒体、媒介镜像与"后亚文化"——美国学界近年来媒介与青年亚文化研究的述评与思考[J].新闻与传播研究,2014,4:114-124,128.

[14] 程金福.当代中国媒介权力与政治权力的结构变迁——一种政治社会学的分析[J].新闻大学,2010,3:22-29.

[15] 大卫·莫利,张道建.媒介理论、文化消费与技术变化[J].文艺研究,2011,4:99-106.

[16] 道格拉斯·凯尔纳,赵士发.文化研究、多元文化主义与媒体文化[J].国外社会科学,2011,5:66-74.

[17] 杜彩.论"文化工业"批判理论的结构复杂性——以电影工业、电视大众文化为例[J].现代传播(中国传媒大学学报),2011,8:9-13.

[18] 杜骏飞,李耘耕,陈晰,王凌霄,钟方亮.网络游戏中的传统与现代——《仙剑奇侠传》的文化解读[J].新闻大学,2009,3:124-132.

[19] 范明献.网络媒介的文化解放价值——一种基于媒介传播偏向的研究[J].新闻与传播研究,2010,1:34-39,110.

[20] 方建移.受众准社会交往的心理学解读[J].国际新闻界,2009,4:50-53.

[21] 风笑天.社会变迁背景中的青年问题与青年研究[J].中州学刊,2013,1:68-71.

[22] 傅守祥.泛审美时代的快感体验——从经典艺术到大众文化的审美趣味转向[J].现代传播,2004,3:58-62.

[23] 高钢,彭兰.三极力量作用下的网络新闻传播——中国网络媒体结构特征研究[J].国际新闻界,2007,6:57-62.

[24] "国内外新闻与传播前沿问题跟踪研究"课题组,殷乐.数字环境中的媒体与受众:表达、参与和叙事[J].新闻与传播研究,2014,9:117-125.

[25] 国内外新闻与传播前沿问题跟踪研究"课题组,殷乐,曹瑞祥,闫鹏慧,高菲,杨利慧,游佳,黄文玲.挑战与转型:传统媒体、受众与产业[J].新闻与传播研究,2014,7:117-125.

[26] 关保英.社会变迁中行政授权的法理基础[J].中国社会科学,2013,10:102-120,206-207.

[27] 高凯.网络剧的现状及发展建议[J].中国电视,2015,9:62-66.

[28] 韩瑞霞,戴元光.对"传播"在文化研究发生史中地位的历史考察[J].国际新闻界,2012,2:30-36.

[29] 韩素梅.弹幕视频与参与式文化的新特征[J].新闻界,2016,22:54-57,72.

[30] 郝雨,路阳.媒介权力运演及社会权力结构嬗变——新媒体发展对社会权力结构的冲击与重塑[J].新闻大学,2014,5:119-124,31.

[31] 黄典林.重读《电视话语的编码与解码》——兼评斯图亚特·霍尔对传媒文化研究的方法论贡献[J].新闻与传播研究,2016,5:58-72,127.

[32] 黄典林.传播政治经济学与文化研究的分歧与整合[J].国际新闻界,2009,8:16-20.

[33] 胡翼青.试论21世纪受众在传播中的地位[J].新闻与传播研究,2000,4:70-74,96.

[34] J.费斯克,汪民安.英国文化研究和电视(下)[J].世界电影,2000,5:51-69.

[35] 吉尔多·H·斯坦佩尔,罗伯特·K·斯图尔特,田青.网络时代大众传播研究者面临的挑战与机遇——从受众研究和内容分析说起[J].国际新闻界,2001,4:47-51.

[36] 金惠敏.听霍尔说英国文化研究——斯图亚特·霍尔访谈记[J].首都师范大学学报（社会科学版），2006，5：41-44.

[37] 金民卿.后现代精神和中国大众文化发展[J].北京大学学报（哲学社会科学版），2001，2：107-112.

[38] 金玉萍.身份认同与技术转向：新受众研究的发展态势[J].国际新闻界，2011，7：40-44.

[39] 孔令华.论媒介文化研究的两条路径——法兰克福学派和英国文化研究学派媒介文化观差异之比较[J].新闻与传播研究，2005，1：43-48，95-96.

[40] 匡文波.网络受众的定量研究[J].国际新闻界，2001，6：47-52.

[41] 李钢，廖建辉，刘作翔，王露璐.平等、公正与社会变迁[J].中国社会科学，2015，7：65，206-207.

[42] 李蕾.受众：大众媒介推动社会现代化进程的桥梁——以媒介塑造典型人物形象人格特征渐变为例[J].新闻与传播研究，2004，1：81-86，97.

[43] 李青.对传播媒介权力的思考[J].国际新闻界，1999，3：56-60.

[44] 林颖，石义彬.反思与超越：论媒介与文化研究的功能主义意识形态[J].北京理工大学学报（社会科学版），2015，4：164-168.

[45] 廖圣清.西方受众研究新进展的实证研究[J].新闻大学，2009，4：105-115，69.

[46] 刘斌.大众媒介：权力的眼睛[J].现代传播-北京广播学院学报，2000，2：26-30.

[47] 刘立刚，陶丽.文化研究学派中"受众"意识的流变[J].中央民族大学学报（哲学社会科学版），2013，6：122-127.

[48] 刘文辉.从"被时代"到"我时代"：新媒体语境下受众身份的重构与异化[J].上海交通大学学报（哲学社会科学版），2013，5：70-75，92.

[49] 刘卫东，荣荣.网络时代的媒介权力结构与社会利益变迁——以当代中国社会意识形态为视角[J].新闻与传播研究，2012，2：20-27，110.

[50] 刘晓红.共处·对抗·借鉴——传播政治经济学与文化研究关系的演变[J].新闻与传播研究，2005，1：49-53.

[51] 刘晓伟.狂欢理论视阈下的微博狂欢研究——以新浪微博"春晚吐槽"现象为例[J].新闻大学，2014，5：102-109.

[52] 陆道夫.约翰·菲斯克大众文化理论研究述评[J].学术研究，2003，1：100-104.

[53] 卢鹏.亚文化与权力的交锋：伯明翰学派青年亚文化研究的逻辑与立场[J].青年研究，2014，3：84-93，96.

[54] 陆晔.媒介使用、媒介评价、社会交往与中国社会思潮的三种意见趋势[J].新闻大学，2012，6：63-72.

[55] 马季.电子媒介时代的视觉狂欢[J].新闻大学，2005，3：95-97.

[56] 马秀鹏.论当代文化研究中的表征范畴[J].南京社会科学，2015，11：125-131.

[57] 马中红.西方后亚文化研究的理论走向[J].国外社会科学,2010,1:137-142.

[58] 马志浩,葛进平.日本动画的弹幕评论分析:一种准社会交往的视角[J].国际新闻界,2014,8:116-130.

[59] 孟登迎."文化研究"的英国传统、美国来路与中国实践——兼析"文化研究"进入大陆学术思想界的历程[J].文艺理论与批评,2016,1:37-43.

[60] 倪虹.大众传播媒介的权力[J].新闻与传播研究,1999,1:22-28,94.

[61] 潘可武.媒介视角中的网络剧[J].西南民族大学学报(人文社科版),2016,11:180-184.

[62] 彭兰.网络中的人际传播[J].国际新闻界,2001,3:47-53.

[63] 邵培仁,范红霞.传播仪式与中国文化认同的重塑[J].当代传播,2010,3:15-18.

[64] 申玲玲,李炜.中国网络文化研究综述[J].社会科学战线,2011,7:159-162.

[65] 史安斌.全球网络传播中的文化和意识形态问题[J].新闻与传播研究,2003,3:52-60,95.

[66] 石艳红.网络传播中的受众诠释[J].国际新闻界,1999,3:33-37.

[67] 隋岩.受众观的历史演变与跨学科研究[J].新闻与传播研究,2015,8:51-67,127.

[68] 隋岩.媒介文化研究的三个路径[J].新闻大学,2015,4:76-85.

[69] 孙长军.巴赫金的狂欢化理论与新时期中国大众文化研究[J].江汉论坛,2001,10:90-92.

[70] 孙信茹,杨星星."媒介化社会"中的传播与乡村社会变迁[J].国际新闻界,2013,7:87-93.

[71] 唐纳德·肖,克里斯·瓦高,张燕,杨雪.媒体与社会稳定:受众如何创造可以挑战权威的个人化社区[J].新闻大学,2014,6:16-23.

[72] 王朝晖."多面人"——时代变迁中的受众[J].国际新闻界,2001,4:60-66.

[73] 王冰雪.调侃·狂欢·抵抗——网络空间中民众化转向的另类表达与实践[J].新闻大学,2014,5:138-142.

[74] 王彩芳.集中安置的失地农民社会交往与城市文化适应[J].农业经济问题,2013,1:68-72.

[75] 王迪,王汉生.移动互联网的崛起与社会变迁[J].中国社会科学,2016,7:105-112.

[76] 汪娟.斯图亚特·霍尔的后现代主体理论与文化认同观[J].浙江学刊,2013,5:112-116.

[77] 王晓升.权力、话语与意识形态——意识形态的叙事效果分析[J].哲学动态,2012,3:9-17.

[78] 王岳川,福科.权力话语与文化理论[J].现代传播-北京广播学院学报,1998,6:52-58.

[79] 王治河.作为一种生活方式的后现代主义[J].北京大学学报(哲学社会科学版),2006,3:17-24.

[80] 吴飞,沈荟.现代传媒、后现代生活与新闻娱乐化[J].浙江大学学报(人文社会科学版),2002,5:78-83.

[81] 吴瑛.信息传播视角下的话语权生产机制研究[J].四川大学学报(哲学社会科学版),2011,3:49-56.

[82] 西蒙·杜林,冉利华.高雅文化对低俗文化:从文化研究的视角进行的讨论[J].文艺研究,2005,10:38-48,166-167.

[83] 肖唐镖,余泓波.近30年来中国的政治文化研究:回顾与展望[J].政治学研究,2015,4:52-61.

[84] 肖瑛.从"国家与社会"到"制度与生活":中国社会变迁研究的视角转换[J].中国社会科学,2014,9:88-104,204-205.

[85] 幸小利.新媒体环境下的受众研究范式转换与创新[J].国际新闻界,2014,9:122-134.

[86] 熊慧.范式之争:西方受众研究"民族志转向"的动因、路径与挑战[J].国际新闻界,2013,3:74-81.

[87] 修倜."狂欢化"理论与喜剧意识——巴赫金的启示[J].华中师范大学学报(人文社会科学版),2001,3:89-92,98.

[88] 杨聪.网络时代的大众文化[J].北京师范大学学报(社会科学版),2008,4:109-112.

[89] 杨击.雷蒙·威廉斯和英国文化研究[J].现代传播,2003,2:39-43.

[90] 杨丽雯.情感消费视角下网络剧"圈地"青年群体现象研究[J].中国青年研究,2016,2:84-87,114.

[91] 杨茵娟.从冲突到对话——评传播研究典范:结构功能主义、政治经济学与文化研究[J].国际新闻界,2004,6:50-56.

[92] 殷双喜.大众文化与微观政治——当代艺术中的社会学切入[J].文艺研究,2005,11:129-135,162.

[93] 於嘉,谢宇.社会变迁与初婚影响因素的变化[J].社会学研究,2013,4:1-25,242.

[94] 禹建强,李永斌.对媒体制造大众文化的批判[J].国际新闻界,2004,5:40-45.

[95] 於红梅.批判地审视媒介文化研究——基于2009—2010年媒介文化研究的评述[J].新闻大学,2011,2:137-144.

[96] 袁光锋."解放"与"翻身":政治话语的传播与观念的形成[J].新闻与传播研究,2013,5:44-59,126-127.

[97] 约翰·斯道雷.文化研究中的文化与权力[J].学术月刊,2005,9:57-62.

[98] 云国强,吴靖.政治的学术与学术的政治:对文化研究本土化的思考[J].新闻大学,2012,1:46-53.

[99] 张斌.电视剧与文化研究[J].现代传播(中国传媒大学学报),2006,5:92-96.

[100] 张春朗,周怡.受众参与的深入与媒体活动的勃兴——从传播学角度分析传媒大型活

动的兴起[J].国际新闻界,2006,12:54-57.
[101] 张殿元.大众文化操纵的颠覆——费斯克"生产者式文本"理论述评[J].国际新闻界,2005,2:48-52.
[102] 张红军,朱琳.契合与共赢:现实题材电视剧的"仪式传播"与"受众解码"——以我国都市青春剧为例[J].现代传播(中国传媒大学学报),2015,12:79-82,90.
[103] 张广利.后现代主义与社会学研究方法[J].社会科学研究,2001,4:104-109.
[104] 张国良.网络时代的媒介与受众[J].新闻大学,2001,1:19-22.
[105] 张岚.媒介语境:为受众设置的界面[J].国际新闻界,2004,2:61-64.
[106] 张蕾.媒介文本的符码呈现与受众的差异化意义生产——源自实证调查的《蜗居》受众分析[J].国际新闻界,2010,6:58-63.
[107] 张敏,熊帼.基于日常生活的消费空间生产:一个消费空间的文化研究框架[J].人文地理,2013,2:38-44.
[108] 张瑞卿.F·R·利维斯与文化研究——从利维斯到霍加特,再到威廉斯[J].文艺理论研究,2015,1:205-214.
[109] 张世英."后现代主义"对"现代性"的批判与超越[J].北京大学学报(哲学社会科学版),2007,1:43-48.
[110] 张燕,刘一赐."受众参与"的充分实现——掘客(Digg)模式的特性与价值[J].国际新闻界,2008,8:75-80.
[111] 张苑琛.浅议虚拟社会交往与网络新生代文化的建构[J].新闻记者,2009,11:72-75.
[112] 赵陈晨,吴予敏.关于网络恶搞的亚文化研究述评[J].现代传播(中国传媒大学学报),2011,7:112-117.
[113] 赵月枝,吴畅畅.大众娱乐中的国家、市场与阶级——中国电视剧的政治经济分析[J].清华大学学报(哲学社会科学版),2014,1:26-41,159.
[114] 赵永华,姚晓鸥.媒介的意识形态批判抑或受众研究:霍尔模式的现象学分析[J].国际新闻界,2013,11:47-58.
[115] 郑保卫,李洋,郭平.试论当前我国媒体格局变化的现状及特点[J].国际新闻界,2008,3:57-62.
[116] 郑菁.社会变迁比较研究中的主体行为分析[J].社会学研究,2000,3:86-100.
[117] 郑军,王以宁,白昱.新媒介语境下微电影的后现代叙事特征初探[J].东北师大学报(哲学社会科学版),2012,6:265-267.
[118] 郑世明.论电视媒介权力的概念及内涵[J].现代传播,2005,2:47-50.
[119] 周丹.伯明翰学派青年亚文化研究的起点:理查德·霍加特与"电唱机男孩"[J].国际新闻界,2009,12:39-43.
[120] 周宪.跨文化研究:方法论与观念[J].学术研究,2011,10:127-133.

[121] 周笑,傅丰敏.从大众媒介到公用媒介:媒体权力的转移与扩张[J].新闻与传播研究,2009,5:74-78,109.

[122] 周雪光.社会学视野下的世纪社会变迁——读费希尔和豪特《差异的世纪》[J].社会学研究,2008,1:217-223.

[123] 周勇,黄雅兰.从"受众"到"使用者":网络环境下视听信息接收者的变迁[J].国际新闻界,2013,2:29-37.

[124] 朱丽丽.网络迷群体文化研究的历史与现状[J].编辑学刊,2012,1:44-47.

[125] 朱秀凌.未成年人的电视使用与准社会交往[J].国际新闻界,2013,8:146-155.

[126] 邹广文.当代中国大众文化及其生成背景[J].清华大学学报(哲学社会科学版),2001,2:46-53,67.

[127] Amanda K. Kennedy, Erich J. Sommerfeldt. A postmodern turn for social media research: theory and research directions for public relations scholarship[J]. *Atlantic Journal of Communication*, 2015,23(1).

[128] Christian Potschka, Mathias Fuchs, Agata Królikowski. Review of european expert network on culture's audience building and the future creative europe programme, 2012[J]. *Cultural Trends*, 2013,22(3-4).

[129] David Morley. Cultural studies, common sense and communications[J]. *Cultural Studies*, 2015, 29(1).

[130] David Morley. Television, technology, and culture: a contextualist approach[J]. *The Communication Review*, 2012,15(2).

[131] David Morley. So-called cultural studies: dead ends and reinvented wheels[J]. *Cultural Studies*, 1998, 12(4).

[132] David Morley. Where is the global in media theory(and when)? [J]. *Westminster Papers in Communication and Culture*, 2017, 12(1).

[133] Fabrício Benevenuto, Tiago Rodrigues, Virgilio Almeida, Jussara Almeida, Keith Ross. Video interactions in online video social networks[J]. *ACM Transactions on Multimedia Computing, Communications, and Applications(TOMCCAP)*, 2009,5(4).

[134] John Fiske. Ethnosemiotics: some personal and theoretical reflections[J]. *Cultural Studies*, 1990,4(1).

[135] John Fiske, Kevin Glynn. Trials of the postmodern[J]. *Cultural Studies*, 1995, 9(3).

[136] John Fiske. Miami vice, miami pleasure[J]. *Cultural Studies*, 1987,1(1).

[137] Juan Cao, Yongdong Zhang, Rongrong Ji, Fei Xie, Yu Su. Web video topics discovery and structuralization with social network[J]. *Neurocomputing*, 2016,172.

[138] Luc Poecke. Media culture and identity formation in the light of invisible socialization: from modernity to postmodernity[J]. *Communications*, 2009, 21(2).

[139] Marie-José Montpetit. Your content, your networks, your devices[J]. *Computers in Entertainment (CIE)*, 2009, 7(3).

[140] Márcio Wariss Monteiro. From text to culture through corpus: interactivity as an argumentative keyword of contemporary cyberculture[J]. *Semiotica*, 2014, 198.

[141] Martin Barker. Assessing the "Quality" in qualitative research: the case of text-audience relations[J]. *European Journal of communication*, 2003, 18.

[142] Maširević Ljubomir. Media and postmodern reality[J]. *Sociologija*, 2010, 52(2).

[143] Michelle Phillipov. In defense of textual analysis: resisting methodological hegemony in media and cultural studies[J]. *Critical Studies in Media Communication*, 2013, 30(3).

[144] Aaron, Reinitz. Future partners: the web and TV[J]. *Broadcasting & Cable*, 2008, 138(21).

[145] Simone Murray. "Celebrating the story the way it is": cultural studies, corporate media and the contested utility of fandom[J]. *Continuum*, 2004, 18(1).

[146] Tarik Sabry. Reframing media and cultural studies in the age of global crisis[J]. *Westminster Papers in Communication and Culture*, 2017, 12(1).

[147] Thomas, Matt. TV by design: modern art and the rise of network television[J]. *Technology and Culture*, 2010, 51(2).

[148] Thomas S. McCoy. Hegemony, power, media: foucault and cultural studies[J]. *Communications*, 2009, 14(3).

[149] Yasser Rhimi. Mainstream media discourse! or the divine word of the postmodern? [J]. *Human and Social Studies*, 2016, 5(2).

[150] Marc Verboord, Susanne Janssen. Internet and culture-sciencedirect[J]. *International Encyclopedia of the Social & Behavioral Sciences (Second Edition)*, 2015, 587-592.

B. 专著

[1] [法]阿尔弗雷德·格罗塞.王鲍译.身份认同的困境[M].北京:社会科学文献出版社,2010.

[2] [匈]阿各尼丝·赫勒.李瑞华译.现代性理论[M].北京:商务印书馆,2005.

[3] [英]阿兰·斯威伍德.冯健三译.大众文化的神话[M].北京:生活·读书·新知三联书店,2003.

[4] [英]阿雷恩·鲍尔德温.陶东风等译.文化研究导论(修订版)[M].北京:高等教育出版社,2007.

［5］［美］阿瑟·阿萨·伯杰.张晶,易正林译.媒介研究技巧(第二版)[M].北京:中国人民大学出版社,2009.

［6］［美］艾尔·巴比.邱泽奇译.社会研究方法(第十一版)[M].北京:华夏出版社,2009.

［7］［法］埃里克·麦格雷.刘芳译.传播理论史:一种社会学的视角[M].北京:中国传媒大学出版社,2009.

［8］［英］安东尼·吉登斯.周红云译.失控的世界:全球化如何重塑我们的生活[M].南昌:江西人民出版社,2001.

［9］［英］安德鲁·古德温,加里·惠内尔.魏礼庆,王丽丽译.电视的真相[M].北京:中央编译出版社,2001.

［10］［英］安·格雷.文化研究:民族志方法与生活文化[M].重庆:重庆大学出版社,2009.

［11］［英］安吉拉·默克罗比.田晓菲译.后现代主义与大众文化[M].北京:中央编译出版社,1999.

［12］［英］本·海默尔.王志宏译.日常生活与文化理论导论[M].北京:商务印书馆,2008.

［13］［德］瓦尔特·本雅明.汉娜·阿伦特编.张旭东,王斑译.本雅明文选:启迪[M].北京:生活·读书·新知三联书店,2008.

［14］［美］伯格.通俗文化、媒介和日常生活中的叙事[M].南京:南京大学出版社,2000.

［15］［法］布尔迪厄.包亚明译.文化资本和社会炼金术[M].上海:上海人民出版社.1997.

［16］［加］查尔斯·泰勒.杨文贵译.现代性之隐忧[M].北京:中央编译出版社,2001.

［17］［英］大卫·麦克奎恩.苗棣,李黎丹译.理解电视:电视节目类型的概念与变迁[M].北京:华夏出版社,2003.

［18］［英］戴维·莫利.郭大为译.传媒、现代性和科技:"新"的地理学[M].北京:中国传媒大学出版社,2010.

［19］［英］戴维·莫利.史安斌译.电视、受众与文化研究[M].北京:新华出版社,2005.

［20］［英］戴维·英格利斯.武桂杰等译.文化与日常生活[M].北京:中央编译出版社,2010.

［21］［英］丹尼·卡瓦拉罗.张卫东等译.文化理论关键词[M].南京:江苏人民出版社,2006.

［22］［英］E.P.汤普森.钱乘旦等译.英国工人阶级的形成[M].上海:译林出版社,2001.

［23］［澳］格雷姆·特纳.许静译.普通人与媒介:民众化转向[M].北京:北京大学出版社,2011.

［24］［德］哈贝马斯.李黎,郭官义译.作为"意识形态"的技术与科学[M].上海:学林出版社,1999.

［25］［德］哈贝马斯.曹卫东译.公共领域的结构转型[M].上海:学林出版社,2002.

［26］［德］哈贝马斯.曹卫东译.交往行为理论[M].上海:上海人民出版社,2004.

［27］［美］哈里·F·沃尔科特.马近远译.田野工作的艺术[M].重庆:重庆大学出版社,2011.

［28］金惠敏.积极受众论:从霍尔到莫利的伯明翰范式[M].北京:中国社会出版社,2010.

[29] [英]雷蒙·威廉斯.刘建基译.关键词:文化与社会的词汇[M].上海:生活·读书·新知三联书店,2005.

[30] [英]雷蒙·威廉斯.刘建基译.文化与社会[M].北京:北京大学出版社,1991.

[31] [美]理查德·沃林.张国清译.文化批评的概念——法兰克福学派、存在主义和后结构主义[M].北京:商务印书馆,2000.

[32] [法]罗兰·巴特.许蔷蔷,许绮玲译.神话:大众文化诠释[M].上海:上海人民出版社,1999.

[33] [英]迈克·费瑟斯通.刘精明译.消费文化与后现代主义[M].南京:译林出版社,2000.

[34] [英]奈杰尔·拉波特,乔安娜·奥弗林.鲍雯妍,张亚辉译.社会文化人类学的关键概念[M].北京:华夏出版社,2005.

[35] [英]尼克·史蒂文森.王文斌译.认识媒介文化——社会理论与大众传播[M].北京:商务印书馆,2001.

[36] [英]斯图尔特·霍尔编.徐亮,陆兴华译.表征——文化表象与意指实践[M].北京:商务印书馆,2003.

[37] [英]约翰·斯道雷.杨竹山等译.文化理论与通俗文化导论[M].南京:南京大学出版社,2001.

[38] 汪民安.身体、空间与后现代性[M].南京:江苏人民出版社,2006.

[39] [加]谢少波.陈永国等译.抵抗的文化政治学[M].北京:中国社会科学出版社,1999.

[40] Anglen. *Living Room Wars: Rethinking Media Audiences for a Postmodern World*[M]. New York:Routledge, 1996.

[41] Anglen. *Watching Dallas: Soap Opera and the Melodramatic Iniagination*[M]. New York:Routledge, 1989.

[42] Chodorow Nancy. *The Power of Feeling: Personal Meaning in Psychoanalysis, Gender and Culture*[M]. Conn:Yale University Press, 1999.

[43] David Morley. *Family Television: Cultural Power and Domestic Leisure*[M]. Comeedia Published Group, 1986.

[44] Herbert J. Gans. *Popular Culture and High Culture*[M]. New York:Basic Books, 1999.

[45] John Comer. *Critical Ideas in Television Studies*[M]. New York:Oxford University Press, 2007.

[46] Joachim Knape. *Modern Rhetoric in Culture, Arts, and Media: 13 Essays*[M]. Berlin, Boston:De Gruyter, 2012.

[47] Ludwig Jäger, Erika Linz, Irmela Schneider. *Media, Culture, and Mediality: New Insights into the Current State of Research*[M]. Bielefeld:Transcript Verlag, 2014.

[48] Matt Briggs. *Television, Audiences and Everyday Life*[M]. New York: McGraw-Hill Education, 2009.

[49] Seiter EIIen. *Television and New Media Audiences*[M]. New York: Clarendon Press, 1999.

[50] Virginia Nightingale, Karen Ross. *Critical Readings: Media and Audiences*（影印版）[M]. 北京：北京大学出版社, 2007.

[51] Akifumi Nozaki, Kenichi Yoshida. *Modeling Consumers with TV and Internet*[M]. Springer International Publishing, 2014.

[52] David Bell. *Cyberculture Theorists: Manuel Castells and Donna Haraway*[M]. Abingdon, Oxon: Routledge, 2006.

[53] David Porter. *Internet Culture*[M]. New York and London: Routledge, 1997.

C. 会议论文集及析出文献

[1] 孙佳山.青年文艺论坛第三十五期 移动互联网时代的文化形态[A].中国艺术研究院马克思主义文艺理论研究所.青年文艺论坛·第三十五期——移动互联网时代的文化形态[C].中国艺术研究院马克思主义文艺理论研究所,2014,37.

[2] 刘红伟.驱动思维下网络自制轻喜剧享乐主义文本分析[A].《决策与信息》杂志社、北京大学经济管理学院."决策论坛——公共政策的创新与分析学术研讨会"论文集（上）[C].《决策与信息》杂志社、北京大学经济管理学院,2016,2.

[3] 赵晖.论网络自制剧制作与传播模式特点[A].中国传媒大学广播电视研究中心.2015中国传播论坛："现代传播体系建设：融合与秩序"论文汇编[C].中国传媒大学广播电视研究中心,2015,7.

[4] 屈定琴.《大数据视域下网络自制剧传播形态与引导策略》研究报告[A].北京大学新闻与传播学院.第二届"中欧对话：媒介与传播研究"暑期班论文汇编[C].北京大学新闻与传播学院,2015,5.

[5] David Morley, Roger Silverstone. Media audiences communication and context: ethnographic perspectives on the media audience[A]. *Handbook of Qualitative Methodologies for Mass Communication Research*[M]. Taylor & Francis Ltd/Books, 1991, 149-161.

D. 新闻报道

[1] 崔晓.注重网络剧的精神引领[N].人民日报,2016-04-08(024).

[2] 高艳鸽.网络剧微电影从业者不能自毁"新行当"[N].中国艺术报,2014-04-14(001).

[3] 高媛媛.网络剧也要有文化担当[N].光明日报,2016-02-01(014).

［4］康岩,史一棋,侯鸿亮.就想让观众尝鲜[N].人民日报,2017-02-13(012).

［5］吉蕾蕾.影视剧产业"向网而生"渐成趋势[N].经济日报,2016-11-20(007).

［6］李蕾,张进进.网络剧须走精品化之路[N].光明日报,2017-02-27(009).

［7］李雪昆.2016年网络剧如何"燃"起来[N].中国新闻出版广电报,2016-01-21(006).

［8］刘长欣."超级网络剧"将改写影视格局?[N].南方日报,2015-04-03(A13).

［9］卢国强.中国网络剧:自娱自乐还是开创未来?[N].新华每日电讯,2011-05-03(007).

[10］邵岭."颜即正义",表演信仰何处安放[N].文汇报,2016-05-15(001).

[11］杨骁.网络剧抓住"网感"[N].中国新闻出版广电报,2016-04-06(006).

[12］王鹤翔.黄金3年:网络剧之路何去何从[N].中国文化报,2016-08-06(001).

[13］王彦.别忽视网络剧自身的"阿尔法精神"[N].文汇报,2016-05-17(001).

[14］辛忠.网络剧　满园春色?昙花一现?[N].光明日报,2011-05-22(004).

[15］曾庆瑞.网络剧:电视媒体的克星?[N].光明日报,2014-05-19(014).

[16］张薇.制作方准入门槛提高[N].光明日报,2014-04-09(007).

[17］张祯希.网络剧步入"大剧时代"?[N].文汇报,2016-01-07(001).

[18］张祯希.网络剧为何"戒"不了玄幻离奇[N].文汇报,2016-10-26(001).

附　录

附录一　网络剧受众调查问卷

网络剧观众,您好!

　　为了丰富对网络剧的了解和研究,请您从观众的角度出发,分享一些您的观看感受,非常感谢!本次调查为匿名调查,所获信息仅用于研究。您的回答对于网络剧的研究有着重要的意义,请您在最能反映您实际情况的选项前打"√"。如果问题的选项均不能反映您的看法,请您在空白处发表您的见解。再次感谢您!

一、基本资料

1. 您的性别:
   A. 男　　　　　　　B. 女
2. 您的年龄:
   A. 1～17 岁　　　B. 18～24 岁　　　C. 25～30 岁　　　D. 31～35 岁
   E. 35 岁以上
3. 您的最高学历:
   A. 小学　　　　　B. 初中　　　　　C. 高中/中专　　　D. 大专
   E. 本科　　　　　F. 硕士及以上
4. 您的职业:
   A. 企业/事业单位职员　　　　　　　B. 公务员
   C. 科研工作者　　　　　　　　　　D. 个体商户
   E. 务农人员　　　　　　　　　　　F. 自由职业者
   G. 国家机关/企业/事业单位负责人

H. 学生　　　　　　　　　　　I. 其他（请注明）_____

5. 您的平均月收入：

　　A. 1 000 元以下　　　　　　B. 1 001～3 000 元

　　C. 3 001～5 000 元　　　　　D. 5 001～8 000 元

　　E. 8 001～10 000 元　　　　 F. 10 000 元以上

二、网络剧收视基本情况

1. 您通常在哪个时段观看网络剧？

　　A. 6:00—12:00　　　　　　　B. 12:00—18:00

　　C. 18:00—22:00　　　　　　 D. 22:00—6:00

　　E. 无固定时间

2. 您通常在什么地方观看网络剧？

　　A. 家里　　　　B. 宿舍　　　C. 公共交通工具内部

　　D. 室内公共场所　　E. 户外　　F. 其他地方（请注明）_____

3. 您每天大约花费多长时间观看网络剧？

　　A. 1 小时以内　　　　　　　B. 1～3 小时

　　C. 3～5 小时　　　　　　　　D. 5 小时以上

4. 您最主要通过何种途径观看网络剧？

　　A. 电脑　　　　B. 手机　　　C. 平板电脑　　　D. 电视

5. 您观看网络剧的主要形式是怎样的？

　　A. 单独观看　　　　　　　　B. 和家人一起观看

　　C. 和朋友一起观看　　　　　D. 和同事一起观看

　　E. 其他（请注明）_____

6. 您曾经为了观看网络剧付费吗？

　　A. 是的　　　　　B. 不是

7. 您曾经为了观看网络剧成为视频网站的会员吗？

　　A. 是的　　　　　B. 不是

三、网络剧内容的选择倾向

1. 请您从整体上描述一下对网络剧的看法。

　　A. 特别喜欢　　　B. 喜欢　　　C. 没什么感觉

　　D. 不太喜欢　　　E. 讨厌

2. 请您在下表中选择您喜欢的网络剧类型和题材,在相应的空格内打"√"。（可多选）

表附录 1 网络剧类型和题材

网络剧类型		打"√"处	网络剧类型		打"√"处
A. 偶像言情	青春校园		E. 情景喜剧	工作职场	
	都市白领			日常生活	
	家庭生活			青春校园	
B. 探险冒险	考古寻宝		F. 悬疑惊悚	破案推理	
	太空探险			惊悚恐怖	
	灾后余生		G. 战争情报	大型战役	
C. 职场励志	创业致富			情报谍战	
	升职记		H. 武侠动作	仙侠武侠	
	商战竞争			惊险动作	
D. 科幻魔幻	科学幻想		I. 历史传记	历史戏说	
	超能英雄			人物野史	
	玄幻魔幻			架空历史	
	传统神话			宫斗宅斗	

3. 您最喜欢的三部网络剧是什么？请写出它们的名字。
   （1）_____；
   （2）_____；
   （3）_____。
4. 您觉得网络剧每集多长时间是最合适的？
   A. 10 分钟以内　　B. 11～20 分钟　　C. 21～30 分钟
   D. 31～40 分钟　　E. 40 分钟以上
5. 您最喜欢以哪个时代为背景的网络剧？
   A. 古代　　　　　B. 现代　　　　　C. 近代
   D. 未来　　　　　E. 穿越
6. 您喜欢网络剧的原因是？（可多选）
   A. 轻松搞笑　　　B. 夸张荒诞　　　C. 真实,贴近生活
   D. 想象丰富　　　E. 制作精良　　　F. 其他(请注明)_____

7. 您觉得网络剧对您有什么影响?
    A. 给生活增加快乐　　　　　　B. 励志,增加信心
    C. 和朋友交流的重要话题　　　　D. 让人消沉,产生负面情绪
    E. 没什么影响

　　　　＊＊＊＊＊＊问卷结束,再次感谢您的参与＊＊＊＊＊＊

附录二 访谈提纲

表附录 2　访谈提纲

问题类别	序号	主要问题
访谈信息	1	访问时间段、访问地点、访问情境（环境和场合）、受访者编号等
个人信息	2	姓名或者网络 ID、年龄、性别、学历、职业和收入等
接触网络剧的渠道	3	您从什么时候开始观看网络剧的？
接触网络剧的渠道	4	还记得您观看过的第一部网络剧吗？
接触网络剧的渠道	5	当时通过什么方式接触到网络剧的？
接触网络剧的渠道	6	当时您对网络剧的印象怎么样？现在您对网络剧的态度发生了什么改变？您觉得这些年网络剧有什么变化吗？
接触网络剧的渠道	7	您现在经常看电视剧吗？更喜欢看网络剧，还是电视剧？为什么？
观看方式	8	您通常在什么时候观看网络剧？
观看方式	9	您通常在什么地方观看网络剧？
观看方式	10	您每天大约花费多长时间观看网络剧？
观看方式	11	您最主要通过何种方式观看网络剧？（电脑、手机、平板电脑、电视等）
观看方式	12	您喜欢自己看，还是和其他人一起看？
观看方式	13	您曾经为了观看网络剧付费？是否因此成为视频网站的会员？
观看方式	14	您看剧的时候带弹幕吗？您自己发弹幕吗？
选择倾向	15	您最喜欢什么类型的网络剧？您能列举几部您喜欢的这类网络剧吗？您为什么喜欢？（情景喜剧、偶像剧、穿越剧、神话剧、动画剧等）
选择倾向	16	您最喜欢什么时代背景的网络剧？您能列举几部您喜欢的这类网络剧吗？您为什么喜欢？（现代剧、古装剧、未来剧、穿越剧等）
选择倾向	17	您最喜欢什么主题的网络剧？您能列举几部您喜欢的这类网络剧吗？您为什么喜欢？（探险寻宝、宫斗、家庭、职场、爱情、恐怖、悬疑等）
选择倾向	18	您最喜欢的是哪几部网络剧？为什么？其中的哪些部分最让您印象深刻？（演员、台词、导演、服装等）
选择倾向	19	您最喜欢的角色是谁？为什么？
选择倾向	20	有您喜欢的网络剧导演吗？为什么喜欢？
选择倾向	21	有您喜欢的网络剧演员吗？为什么喜欢？
选择倾向	22	您觉得网络剧每集多长时间是最合适的？

(续表)

问题类别	序号	主要问题
社群活动	23	您是否加入过网络剧相关的群组(讨论区)?
	24	您在群组中是什么角色?
	25	您觉得加入了怎么样?最大的感受是什么?
	26	你们开展过什么样的活动?线上还是线下的?您会积极参加集体活动吗?
	27	您通过这些活动,有什么收获吗?(认识新朋友、获得网络剧资源等)
参与生产	28	您和您认识的观众中,是否参与或者影响过网络剧的制作?都是以什么方式?是网络剧制作方邀请的,还是自发的?您怎么看待?
	29	您同网络剧的导演、演员、编剧等有过接触吗?通过什么方式?
	30	您觉得在网络剧的制作中,观众有发言权吗?
	31	您怎么看待观众对于网络剧的作用和影响?
对生活的影响	32	您觉得网络剧对您的生活和心情有什么影响?
	33	您觉得在您的生活中是否需要网络剧?
整体评价	34	在您看来,怎样才算是一部好的网络剧?
	35	您觉得现在网络剧最大的优点和缺点分别是什么?
	36	您可以预测一下网络剧未来的发展吗?

附录三　访谈对象基本情况

表附录3　2016年7—9月访谈对象

序号	网名	性别	年龄	教育程度	职业	收入
1	小猫不吃鱼	男	13	初中	学生	无固定收入
2	G的铠甲	男	14	初中	学生	无固定收入
3	安南	女	14	初中	学生	无固定收入
4	粉色的行李牌	女	15	高中	学生	无固定收入
5	BO_BO	女	17	高中	学生	无固定收入
6	从来不是我	男	17	高中	学生	无固定收入
7	麻小	女	17	高中	学生	无固定收入
8	Sunlight099	男	18	高中	学生	无固定收入
9	迷航—我是船长	男	18	本科	学生	无固定收入
10	黑色的信仰	男	19	中专	无固定工作	无固定收入
11	一坨吐槽猪猪	女	19	高中	理发师学徒	1 000元/月
12	Biu不biu	女	20	大专	护士	7 000元/月
13	电路不通	女	20	硕士	学生	无固定收入
14	方形的手	男	20	大专	手机制造厂工人	5 000元/月
15	一只馄饨	男	20	本科	学生	无固定收入
16	LoveLove噢噢	女	21	本科	学生	无固定收入
17	快乐一夏	男	21	中专	保险业销售人员	8 500元/月
18	*桃花源*	女	22	中专	美甲店技师	1万元/月
19	我不是书生	男	22	中专	物业公司维修师	3 000元/月
20	像双鱼座的天蝎座	女	22	本科	民企行政文员	4 000元/月
21	神的复印机	男	23	本科	学生	无固定收入
22	使者	男	23	硕士	学生	无固定收入
23	睡不醒的UEK	男	23	本科	小学教师	8 000元/月

(续表)

序号	网名	性别	年龄	教育程度	职业	收入
24	总会环游世界	男	23	中专	务农	8万元/年
25	巴黎初心	女	24	硕士	公务员	7 000元/月
26	放飞自我	男	24	本科	学生	无固定收入
27	青春无痕了	女	24	本科	银行业务员	7 000元/月
28	骑士把这实验室坐穿	男	25	博士	学生	无固定收入
29	诸葛亮	男	25	中专	快递员	4 000元/月
30	//Sun//	男	26	大专	养殖业个体户	30万元/年
31	Pdjeid1999	女	26	本科	小学教师	8 000元/月
32	蒙娜丽莎的微笑	女	26	本科	翻译	4 500元/月
33	对将	男	27	硕士	医生	8 000元/月
34	龙龙豆	女	27	中专	全职母亲	无固定收入
35	囡囡天使	女	28	中专	街道办事处职员	2 500元/月
36	小小馒头	男	28	博士	高校教师	10万元/年
37	常年剁手	女	29	高中	房产中介	10万元/年
38	后会无期	男	29	大专	蔬菜批发商	12万元/年
39	日行一善	男	30	小学	建筑工人	4 500元/月
40	向明天看齐	女	30	高中	水果店店主	12万元/年
41	Z杭	男	31	中专	外企安保人员	4 500元/月
42	梦一大黑	男	31	高中	邮政局职员	5 000元/月
43	梦想还是要有的	女	31	大专	幼教机构教师	1万元/月
44	Carry你不动	女	32	博士	研究所研究人员	10万元/年
45	只说实话	男	32	本科	公务员	7 000元/月
46	岷山一区	女	33	硕士	外企管理人员	3万元/月
47	柔柔的肉肉	女	35	本科	事业单位行政人员	6 000元/月
48	图书馆48号	男	35	高中	国企司机	5 500元/月
49	大何一家亲	女	36	小学	超市员工	5 000元/月
50	第三架飞机	男	38	大专	民企会计	1.5万元/月

表附录4 2019年8—11月访谈对象

序号	网名	性别	年龄	教育程度	职业	收入
1	安雅公主殿下	女	15	高中	学生	无固定收入
2	飞天糖果	男	15	高中	学生	无固定收入
3	Du嗯哼哼	女	16	高中	学生	无固定收入
4	爱生活の洋	女	17	职高	学生	无固定收入
5	嬛嬛	女	17	职高	学生	无固定收入
6	爱我单鸰	女	18	中专	学生	无固定收入
7	鱼心如意	男	18	中专	学生	无固定收入
8	杰西爱美男	女	18	大学	学生	无固定收入
9	LIYANG♯	男	20	大专	学生	无固定收入
10	千山鸟肥绝	男	20	高中	空调安装学徒	2 000元/月
11	慕寒汐	女	20	高中	餐厅服务员	4 000元/月
12	小懒007	男	20	中专	淘宝店主	8 000元/月
13	☾初升	男	20	本科	兼职平面模特	3 500元/月
14	美度小薇薇	女	21	大专	服装店导购	5 000元/月
15	从不减肥的瓦	女	21	大专	横店群众演员	无固定收入
16	武光9	男	21	中专	导游	3 000元/月
17	你的余额不足	男	21	中专	保险销售	8 500元/月
18	卡卡_QQ1930	女	22	中专	公司前台	4 000元/月
19	翟天临呀	女	22	本科	记者	5 000元/月
20	三个山包	男	22	本科	学生	无固定收入
21	William张	男	23	本科	培训机构教师	8 000元/月
22	AK-00	男	23	大专	客服	5 500元/月
23	悟空躲起来	女	23	硕士	微信公号编辑	8 000元/月
24	一杯杯～～～	男	23	大专	司机	6 500元/月

(续表)

序号	网名	性别	年龄	教育程度	职业	收入
25	云走了 你也走了	女	27	本科	网络作家	1.5万元/月
26	麻辣冰淇淋	女	29	本科	不成功的直播卖货播主	3 000元/月
27	X＝Y	男	29	大专	摄影师	6 500元/月
28	平安—CC	男	30	中专	厨师	7 500元/月
29	158＊＊＊＊3284_352	男	34	大专	小区保安	4 500元/月
30	湖中花	女	34	中专	婚庆公司老板	15万元/年

后　记

自2014年我对网络剧萌生好奇以来，网络剧在几年间已经经历重要的发展和变化。网络剧从最初的底层创作与受众的自娱自乐，逐渐演变为今天可以与传统电视剧并立的流行文化产品。几年前还很难想象，网络剧可以通过传统电视台播放，到达更多受众的客厅。

如果说前期的网络剧文本主要以戏谑和仿拟的风格制造幽默的效果，近期的网络剧则更加注重讨论深刻的社会问题和现象。人物设定遵循"反脸谱化"的网络剧传统，更为丰满立体。叙事风格更加大胆，很多被边缘化和被遮蔽的话题，如青少年犯罪、社会性别差异、底层抗争等，都在网络剧中深刻呈现。值得注意的是，这类话题其实一直以来都是网络剧的重要选题，但在早期都披上了搞笑、恶搞的外衣。近期，越来越多的网络剧对这些具有争议性的话题进行严肃呈现和讨论，并且被受众所接受。

在本书写作接近尾声的时候，一部反映重男轻女、家庭暴力等当代女性生存之痛的独白剧《听见她说》正以网络剧的形式播出。网络剧继续实践狂欢的话语建构，为更多被忽视的群体发声，并主动承担多角度展示社会生活的责任。在此意义上，网络剧越来越体现出文化先锋性。

我在探讨关于网络剧及其受众的话题时，不仅借助了常规的田野调查和数据收集，也有我自己较长时期作为受众观看网络剧并参与网络剧线上社区互动的经历和体验。在某种程度上，这些经历使我更倾向于探索受众作为主体，如何通过网络剧构建话语。即便是在网络剧发展初期，受众人数不多，网络剧也被看作亚文化符号，我也保持对于网络剧及其受众的研究热情。

我意识到自己兼具研究者和参与者的双重身份。通过阅读和分析文化理论、受众分析理论和社会学理论等文献，我能够冷静、客观地看待作为日常生活组成的网络剧。而以参与者的身份观察网络文化，让我产生很多深刻的见解。这让我从一开始就避免从主流文化和精英文化的视角,对网络剧的"规训"和"收编"进行讨论,而是扎根于网络剧发展的现实情境,挖掘受众在观看行为和社区活动中表达的文化需求,从受众的角度解读网络剧。

那些同我一样的网络剧受众,他们在论坛上发言、讨论,这些大量的素材为我提供了其他渠道不可能实现的观察和理解方式。在社区互动中,我结识了各种生活背景的观看者,有的是在回帖讨论中熟悉起来,有的是在线下活动中认识。对于他们愿意接受我的打扰、同意参加访问,并抽时间与我分享他们的私人感受,我始终心存感激。我所联系的观看者性格迥异,但都乐于讨论他们所喜欢的网络剧。寻找受访者和实施访问的过程,虽然并不容易,但我得到了很多热情的帮助。同时,大部分受访者对于我的研究产生了兴趣,同我一样期待本书付梓。他们对于我的信任和接受,使我再次感受到人与人之间交流的快乐。尽管行文时十分小心谨慎,但是如果我在研究写作过程中遗漏或者误解了大家的观点,在此深表歉意。

网络剧在不断发展,它和受众话语建构不断呈现新的特征,因此,很多相关话题还未在书中讨论。此外,我深知本书仍存在诸多不足和疏漏,恳请读者批评和指正。

胡 月

2020 年 11 月 29 日

图书在版编目(CIP)数据

言说与回应:网络剧受众话语建构/胡月著. —上海:复旦大学出版社,2021.9
ISBN 978-7-309-15797-0

Ⅰ.①言… Ⅱ.①胡… Ⅲ.①互联网络-电视剧-受众-研究-中国 Ⅳ.①G222.3

中国版本图书馆 CIP 数据核字(2021)第 128860 号

言说与回应:网络剧受众话语建构
胡　月　著
责任编辑/梁　玲

复旦大学出版社有限公司出版发行
上海市国权路 579 号　邮编:200433
网址:fupnet@fudanpress.com　http://www.fudanpress.com
门市零售:86-21-65102580　团体订购:86-21-65104505
出版部电话:86-21-65642845
上海四维数字图文有限公司

开本 787×1092　1/16　印张 13.25　字数 224 千
2021 年 9 月第 1 版第 1 次印刷

ISBN 978-7-309-15797-0/G·2264
定价:49.00 元

如有印装质量问题,请向复旦大学出版社有限公司出版部调换。
版权所有　　侵权必究